Civil Engineering

新たな国づくりに求められる若い感性

東北大学土木工学出版委員会 編

技報堂出版

執筆者一覧

委員長	岸野　佑次	東北大学大学院工学研究科
委　員	後藤　光亀	東北大学大学院工学研究科
	武山　　泰	八戸工業大学工学部
	西村　　修	東北大学大学院工学研究科
	真野　　明	東北大学大学院工学研究科
執筆者	秋山　充良	東北大学大学院工学研究科
	池田　清宏	東北大学大学院工学研究科
	石井　建樹	木更津工業高等専門学校環境都市工学科
	稲村　　肇	東北大学大学院情報科学研究科
	井上　洋子	山形県村山総合支庁建設部
	今村　文彦	東北大学大学院工学研究科
	岩熊　哲夫	東北大学大学院工学研究科
	渦岡　良介	東北大学大学院工学研究科
	大村　達夫	東北大学大学院工学研究科
	奥村　　誠	東北大学東北アジア研究センター
	織田澤利守	東北大学大学院情報科学研究科
	風間　　聡	東北大学大学院環境科学研究科
	風間　基樹	東北大学大学院工学研究科
	桂　　利治	桂技術士事務所
	京谷　孝史	東北大学大学院工学研究科
	河野　達仁	東北大学大学院工学研究科
	越村　俊一	東北大学大学院工学研究科
	小玉　　勉	日本工営資源・エネルギー事業部
	斉木　　功	東北大学大学院工学研究科

執筆者	佐々木久雄	宮城県保健環境センター
	澤本　正樹	東北大学大学院工学研究科
	鈴木　基行	東北大学大学院工学研究科
	高田　一尚	東日本旅客鉄道東北工事事務所
	竹村公太郎	元国土交通省河川局局長
	田中　　仁	東北大学大学院工学研究科
	張　　旭紅	東北緑化環境保全環境事業部
	寺田賢二郎	東北大学大学院工学研究科
	徳永　幸之	東北大学大学院情報科学研究科
	内藤　英樹	東北大学大学院工学研究科
	中野　和典	東北大学大学院工学研究科
	西岡　英俊	鉄道総合技術研究所
	林　　誠二	国立環境研究所水土壌圏環境研究領域
	久田　　真	東北大学大学院工学研究科
	平野　勝也	東北大学大学院情報科学研究科
	福本　潤也	東北大学大学院情報科学研究科
	藤井　亜紀	大林組土木技術本部
	松岡　和久	国際協力機構
	皆川　　浩	東北大学大学院工学研究科
	森杉　壽芳	東北大学大学院情報科学研究科
	山田　真幸	東北大学大学院工学研究科
	李　　玉友	東北大学大学院工学研究科

（50音順）

目　次

Part 4 文明を存続させる人たち…… 140

まえがき

かけがえのない地球

吾妻連峰冬景色

私たち人間が生を受け生活を営んでいるこの地球は，広い宇宙の中にあって，生命が存在するための多様な条件を満たす極くまれな天体です。豊かな自然の恵み，多種多様な生命の共存共栄——。私たちはけっして自分の力で生きていると思ってはならず，自然によって生かされていると考えなければなりません。人間の都合によって一方的にこの地球を改変するならば，必ずいつの日か破綻がくることを覚悟しなければなりません。この自然を大切にしつつ，私たち人間の社会をどうつくり上げるかという命題は非常に難しい問題です。マスタープランとして何を優先して行けばよいのか，これは専門的な立場から深い議論が必要です。日本経済のバブルが崩壊した今，将来を見据えた着実な取り組みが重要です。将来日本は人口減少もあり，GDP が徐々に低下するといわれています。しかし，このことは国民ひとりひとりが貧しくなることを意味しません。これからは，量よりも質の時代になると考えられます。新しい価値観を提示するために，Civil Engineergの専門家集団の存在の重要性が増しているといえます。

国づくり

現在ある国家は長い歴史を経てかたち造られてきました。国づくり——それはソフトとしての体制とそれを具体的に支えるハードとしての都市や地域のかたち双方の調和の下に成り立ちます。それは人智の及ぶ限りの創造性の発揮の歴史です。歴史上のすぐれた武将は，洋の東西を問わず，大規模で困難を伴う土木工事の陣頭指揮をとり壮大な築城を行いました。城を中心に都市が発達し，庶民もさまざまな文化を享受できる豊かな国が形成されていきました。例えば，ジュリアス・シーザーや豊臣秀吉は偉大な武将であったとともに，優秀な土木技師でもありました。必要は創造の母といえます。高い目的意識をもって事にあたれば，そこに自ずと新しい解決法や新しい技術が誕生します。自分の民が水害に苦しむのを見かねた武田信玄は民を救うために信玄堤を築きました。名将とあがめられるトップは必ず人のために尽くすという立場に徹しています。塩野七生の「ローマ人の物語」のはじめの方に「工学部の都市工学科に学ぶ人ならば，何よりもまず先に，哲学や歴史などの人間学を学んで欲しいものである」とあります。この「都市工学」とは本書で対象としているCivil Engineeringまたは「土木工学」のことです。Civil Engineeringでは，ハードとソフトを融合させることができる優れた能力が必要とされます。

インフラ整備を支える技術

近年になって，エネルギー供給設備・水循環設備・種々の交通施設などの大規模な整備が都市や地域の形成に不可欠なものとなりました。もし，京都を訪ねる機会があったら，琵琶湖疎水記念館に立ち寄ってみるとよいでしょう。そこには，近代的建設事業が始まったばかりの明治の壮大なプロジェクトの一つを目の当たりにすることができます。琵琶湖と鴨川とを結ぶという当時としては信じられないような計画が実施に移されました。土木技師として中心的に活躍したのは東京大学工学部の前身である東京工部大学校を卒業した田邉朔郎ですが，偉業を達成した技術者として後世に名を残しました。海外に土木技術を学び，これにさまざまな工夫を加えて難工事を完成させました。このような壮大なプロジェクトを推進させる元になっているものが「技術力」と呼ぶべきものです。これはルーチンワークをこなすためのマニュアル的作業とは異なり，新たな創造性を伴う営みであります。

技術者の役割

都市域のインフラストラクチャーの計画，建設，維持はCivil Engineeringによってなされる。

上の写真は東北大学工学部のキャンパスから仙台平野とその向こうに広がる太平洋を望んだものです。市街地，高速道路，一般道，新幹線，一般の鉄道，発電・送電施設，水処理プラント，港湾などなど，Civil Engineeringが関与する重要施設が含まれています。人々に快適で豊かな文化的生活を保証し，人々を地震・津波や水害などの自然災害から守り，かつ，かけがえのない地球に過度の負荷をかけないという命題を解決するめに，Civil Engineeringには大きな期待が寄せられています。ゲーテのファウストが，種々悩んだ後に「時間よ止まれ。お前はあまりにも美しい」と言ったのは，公共事業に我が身を捧げる道を見い出したときでした。公共事業の目的とするところはこのような崇高なものです。Civil Engineeringには，これからの公共事業が担うべき「地域文化圏のつくり手」や「地球の医者」としての重要な役割があり，広い見識を備えた発想力豊かな若い感性が必要とされています。

国土をデザインする

武山　泰

「くにづくり」＝国土をデザインすることは土木技術者が果たすべき大きな責務の一つです。古代社会のころから，洪水などから国を守り，飲用や農業のための水を確保することは国家の役割としてたいへん重要なことでした。また，他国などからの侵略から自国を守ることも求められ，近代化期の日本における交通施設整備や北海道開拓などにおいては国防が大きく考慮されていました。現在の国際社会にあっては貿易など他国との関係なしには国が立ち行きませんし，一方では国際競争力を考慮した社会資本整備なども必要となります。

国土をデザインする上で，国土を知ることがまず必要です。古来，「測量」が国づくりの基本とされてきました。現在では，衛星を用いて観測を行うことでたくさんの情報を得ることができます。また，水循環，大気循環，土砂や海砂の移動といった自然の活動を知ることも必要です。

一方，国づくりは，人々の活動や行動を抜きにして考えることはできません。人が何を求め，何に幸せを感じるのか。人々の行動や態度を，例えば環境に配慮したものに変えさせるにはどのようにすればいいのかといった，人間を対象とすることも工学分野における土木の大きな特徴といえます。

国土をデザインする上で，社会資本をどのように整備するのかを構想し，計画･実現する上で，そのプロジェクトをさまざまな観点から評価したり，それを実現するための合意形成や実現のための社会システムがどうあるべきか，あるいは自然や人間を対象とする上で欠かすことのできない不確実さをどのように考慮すればよいのかといった問題も考えなければなりません。

「社会の仕組みは確立されていて変更できない」とか「大きな構造物は未来永劫そこにありつづける」と，とかく思い込みがちですが，近い将来，道州制が導入されるかもしれませんし，コンクリートで固めた川をより自然な形に戻したり，高速道路やダムを撤去することなども行われています。未来のこの国のかたち/あり方をより良いものに変えていくことの大きな部分を土木技術者が担うことになります。

Part 1

中部国際空港

土木技術の発展は海上に飛行場をつくることを可能にしました。

1 リモートセンシングによる環境評価

● 澤本正樹

衛星で地球を観測するということ

東北・北陸地方のNOAA画像（2006年5月3日）

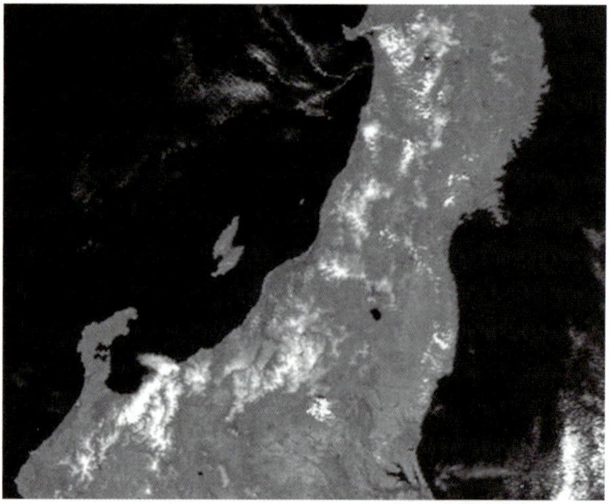

近赤外線は水面で吸収されるので海域が黒く見えます。白い部分は残雪か雲かです。

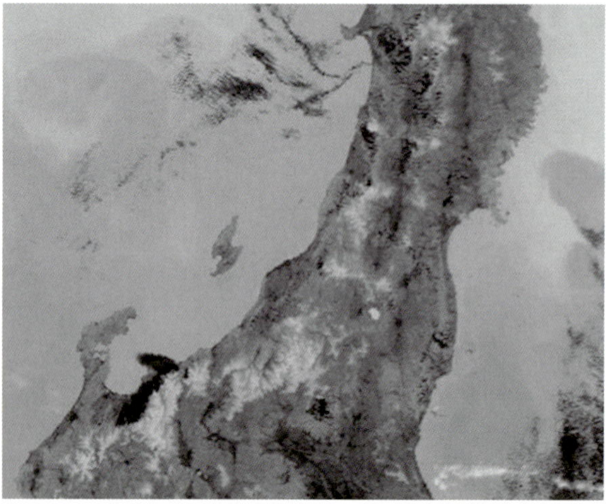

中間赤外線は大気中の雨粒に反応するので暗く見えます。上の近赤外線で富山湾口に白く見えた物は低層の雲であると判読できます。

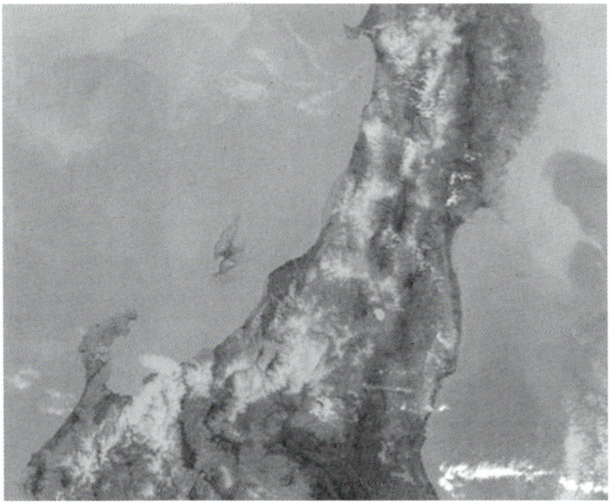

遠赤外線を使うと温度分布が観測できます。白い雲は高層の雲であることがわかります。

地球の温暖化など，人間活動が地球の環境システムに無視できない影響を与えるようになってきたことが指摘されています。これに対処するには地球の環境が，どのような仕組みでできているかを正しく理解することが欠かせません。そのため広域の環境を観察するために人工衛星のデータが利用されます。これが衛星リモートセンシングです。毎日の気象衛星の雲画像は，すでに生活の中にとけ込んでいます。リモートセンシングの特徴としては，① 繰り返し観測が可能である，② 広域の観測が可能である，③ 多波長の電磁波を用いるので人間の眼では観測できないものが見えてくる，などの点が挙げられます。ここでは多波長の電磁波で観察することの例をNOAA衛星の画像を使ってみてみましょう。融雪期の東北・北陸地方の画像を示します。近赤外線・中間赤外線・遠赤外線の画像で，いずれも人間の眼ではみることができない情報が観測されています。これらを組み合わせると地表のさまざまな様子を判読することができます。

何を計測するか

人工衛星を使えば何でも観測できるというものではありません。人工衛星で測定したものと地上で測定したものを組み合わせることにより，さらに複雑な環境の変動を計測することができます。上の例で雲と雪を観測できることを示しましたが，このようにしてわかる残雪域の情報に地上で測定される AMeDAS データや標高データをなどを組み合わせると，積雪量の評価が可能になります。そのようにして評価した積雪量の分布を下に示します。脊梁山脈の西側において，積雪は貴重な水資源であり，人工衛星を使って広域に積雪量を評価することにより，適切な水資源の管理や利用が可能になります。

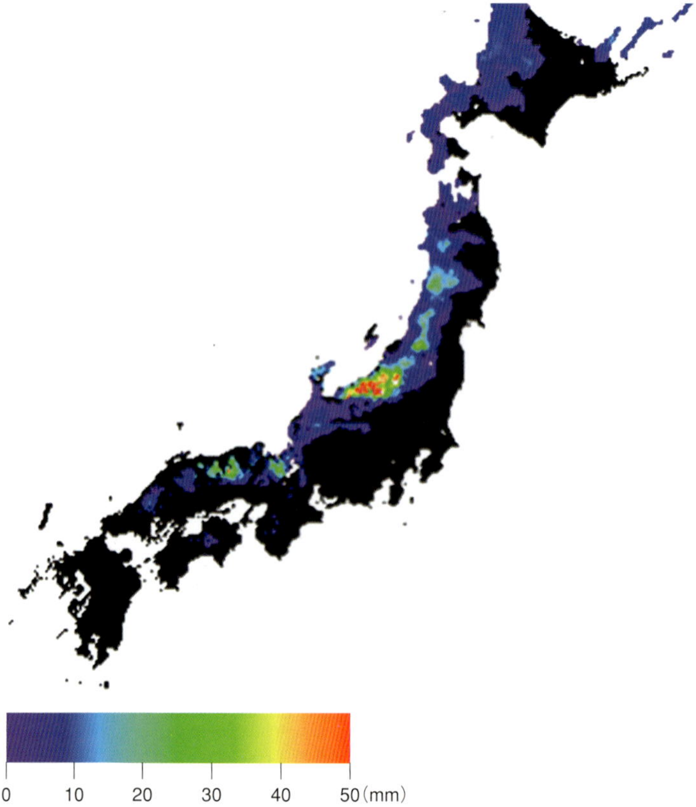

積雪分布解析の例（1998 年 12 月 31 日）

リモートセンシングの歴史と将来

人工衛星が初めて打ち上げられたのは1957年。衛星による地球観測が本格化したのは1972年のERTS衛星（後継機が有名なLANDSAT）からです。リモートセンシングは約半世紀の歴史しかない新しい技術体系です。

リモートセンシングのデータは今まで人間の眼でみることができなかったものを画像で示してくれます。それにとどまらず，広域の分布型のデータを与えてくれるという特徴があります。衛星を使うことによって地上で計測する労力が解消されるというようなとらえ方をしていると期待される成果はあまり大きくありません。むしろまったく新しい視点・枠組みで地球の環境を考えることを可能にしてくれる技術と考える方が適切です。そのためには新しい衛星そのものの開発・衛星に搭載される高精度のセンサーの開発が重要ですが，さらにそのデータを使いこなし，我々に有用な知識を得るというプロセスが重要で，将来大きく発展することが期待されている研究分野の一つです。

2 水循環と水資源

◉ 風間 聡

自然水循環

水を湛えた水田　自然のダム

水は命。水が無ければ生命は生まれなかったし，文明も生まれませんでした。人類は，水をうまく利用することで，高度な生活環境を手に入れてきたのです。農業，工業，生活，発電といった水利用に加えて，近年では生態系の維持のためにも水を配るようになりました。

上流の渓流，中流の広い瀬や下流の水田域は，水が織り成す美しい風景です。しかし，豪雨になれば洪水が，渇水になれば水不足が快適な生活を脅かします。

水は，降水（降雨，降雪），流出（河川流，地下水流），蒸発散（蒸発，蒸散）によって循環しています。流域を開発すれば水循環が変化します。森林を住宅地にすれば，蒸散量が減少して，長い目でみた年間流出量は増加します。しかし，土壌の貯える水の量が減少し，渇水期の流量は減少します。「森は緑のダム」と呼ばれる理由は，流出を遅らせる機能のためですが，雪や水田もこうした機能をもっています。地域環境が変化すれば水循環も変化しますし，水循環が変化すれば地域環境も変化します。

水循環モデリング

開発や温暖化によって，どのように水循環が変わるのでしょうか？　この変化を知るためには，コンピュータによるモデルシミュレーションが利用されます。モデルによってさまざまな条件の水循環予測が可能です。温暖化による積雪量の変化や河川流量の減少，集中豪雨による洪水の予測，

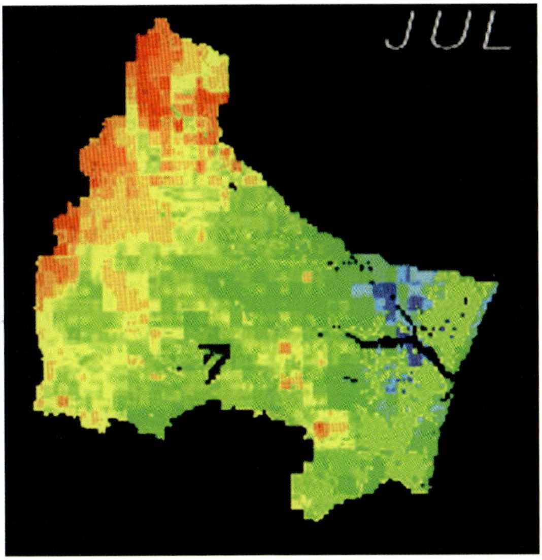

名取川の蒸発散分布

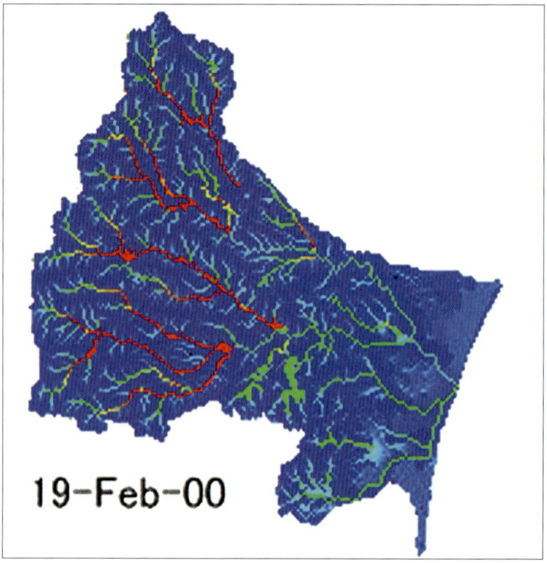

融雪水の河川流量分布

都市化による地下水の減少等を把握することによって，安全で快適な水資源計画の立案が可能になります。その際，環境への配慮を欠かすことはできません。

水が移動するときには，熱も移動します。蒸発散が活発になれば，気化熱を失うので表面温度は下がります。都市の中の水辺や樹林帯は，蒸発散が多いので周囲よりも気温を低くします。都市のこうした空間は，ヒートアイランドを防ぐことができます。熱の移動も知ることができる水循環モデルは，都市計画にも利用されます。

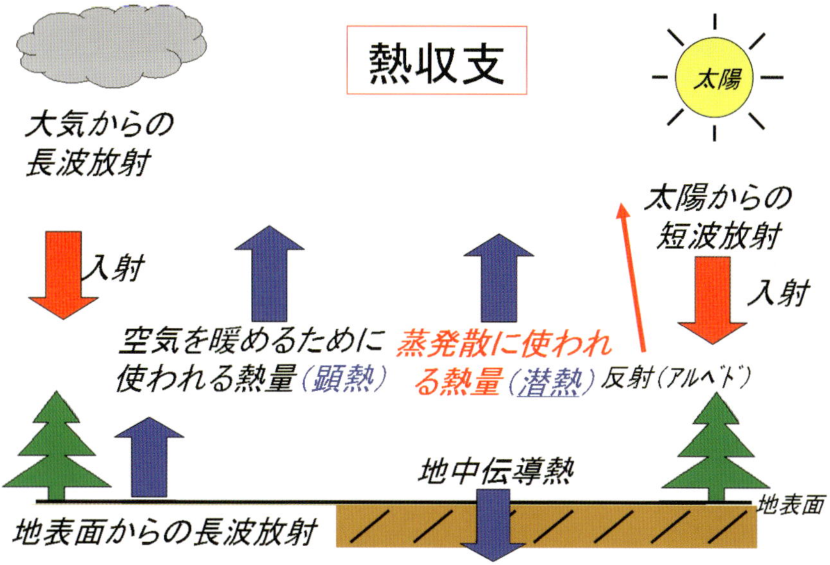
熱収支
太陽
大気からの
長波放射
入射
太陽からの
短波放射
入射
空気を暖めるために
使われる熱量（顕熱）
蒸発散に使われ
る熱量（潜熱）
反射（アルベド）
地中伝導熱
地表面
地表面からの長波放射

地表面の熱収支

3 世界の依存関係は更に強まっていく

◉稲村 肇

スーパーは国際見本市

中国産のタケノコ，ノルウェー産の魚，オーストラリアの牛肉。スーパーが国際見本市みたいになったのは，ほんの15年ほど前，1990年頃からです。1960年代に始まったコンテナ（あの大きな鉄の箱）による輸送は1980/90年代に進化し，冷蔵輸送の技術進歩と急速な輸送費の低下がなされ，その結果国際貿易が急増しました。もちろん変化したのは食品ばかりではなく，電気製品や自動車といった製造業もアジア，北米，ヨーロッパへと進出し，日本からは部品を輸出し，製品を輸入する形が増加しました。下図はこの10年間の東北の港湾のコンテナ貨物取扱量を示しています。

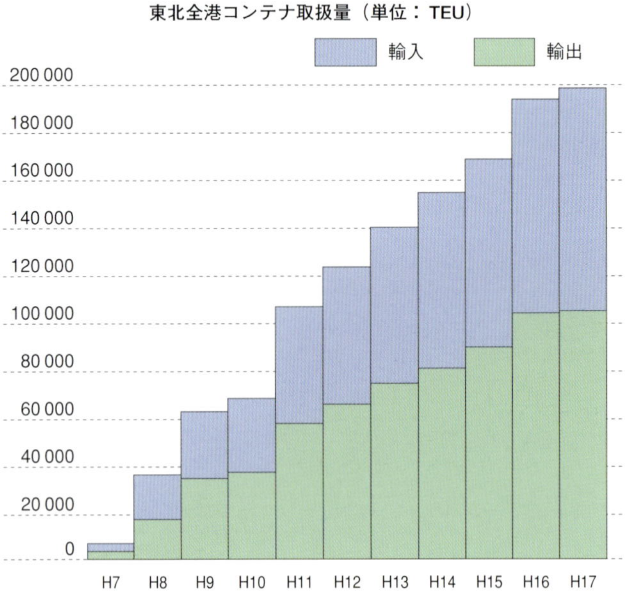

国際貿易の急速な伸びはコンテナ輸送の進化によってもたらされています。

日本の生産と消費――物流と貿易

右の表に示すように，日本は平成15年で900兆円の生産を行っています。国内消費が489兆円で，58兆円の輸入と61兆円の輸出があります。同表の民間消費には家計の消費と企業の消費が含まれます。投資とは国内に残る財産で，道路や港湾といった公共の物と住宅，マンションのように家計による投資もあります。

平成15年産業関連表（単位：兆円）

国内総生産				900
	中間投入額			408
	付加価値額			492
最終需要額				550
	国内消費需要			489
		消費		374
			家計外消費支出	19
			民間消費支出	279
			一般政府消費支出	76
		投資		115
			公的資本形成	28
			民間資本形成	87
	輸出			61
輸入				58
総供給額＝総需要額				958

こうした，生産や消費を支えるのが物流であり，国際間の取引が貿易と呼ばれます。国内生産の40％，373兆円が農業や工業による物の生産であり，残りの60％は金融や不動産といったサービスによる生産で，これについては物流は起こりません。

物流量

産業別年間出荷量

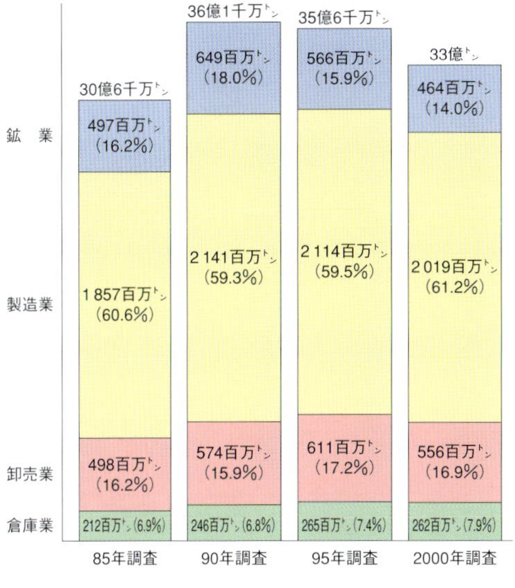

国内で発生する物流の量は製造業からの出荷をはじめとして膨大な量に上ります。総物流量には，この図の他に外国との貿易によるものが加わります。

現在の日本の産業別の貨物の出荷量は約33億トン，その他に外国から毎年10億トンの貨物の輸入と2.5億トンの貨物の輸出があります。輸入で一番多いのが中東やアジアからの原油で毎年2.5億トン程度です。一人あたり40トンという膨大な量の貨物です。

日本の将来

私たち専門家は日本が近い将来（2020年頃）図にあるように中国，韓国，台湾，ASEAN10カ国と自由貿易協定や経済協力協定を締結すると考えています。場合によっては極東ロシアやオセアニアの各国とも締結するかもしれません。すると現在では信じられないような多数のアジアの人々が日本で暮らし，信じられないほど多数の日本人が海外で活躍していることになると思います。まるで現在のヨーロッパの各国のように。

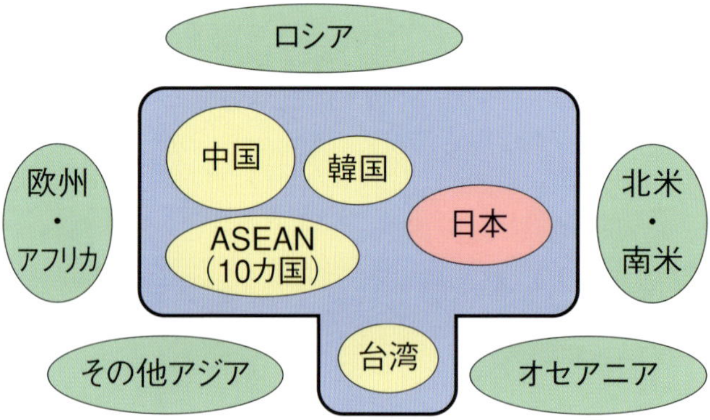

将来におけるわが国の近隣諸国との経済協力

コンテナ貨物の需要予測

この前提下で，2030年の我が国の国際海上コンテナ適合貨物貿易額は2003年の3.0倍となり，海外方面別ではとくに東アジアとの貿易額が大きく増加し，2003年の4.0倍になると予測しています。地域別には，中国・ASEANの成長が著しいこと，および「東アジア自由貿易圏」が形成されることを反映し，とくに中国・ASEANの伸びが著しい。一方，現在ある程度成熟した貿易関係にある，北米・欧州等との貿易額の伸びは比較的小さいという結果です。

土木計画学の役割

土木計画学はこうした貿易や物流の変化に対応した，港湾や空港，道路といった社会資本投資に関する学問です。いま，日本では財政制度改革，道州制，国土形成計画など新しい時代に対応すべく多くの計画が論議されています。こうした中，土木計画学の更なる発展が期待されています。

わが国の国際海上コンテナ適合貨物貿易額の予測結果（海外方面別）

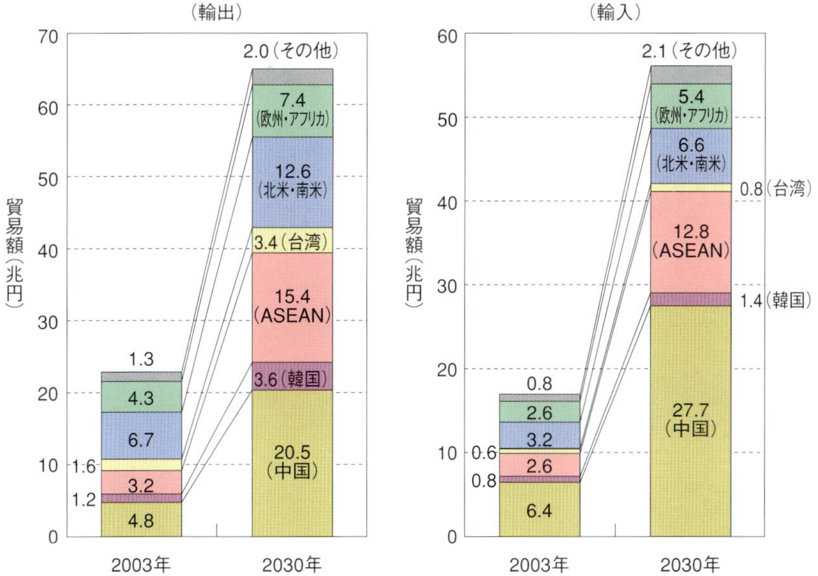

将来におけるわが国のコンテナ貨物の需要は東アジア，とくに中国や ASEAN 諸国との間での急速な伸びが予想されています。

4 技術を活かす社会制度の設計

◉ 福本潤也

合意形成の促進

道路，鉄道，ダム，上下水道，電力施設，公園等々の社会基盤施設を整備するには，多数の関係者が互いに協力しあう必要があります。しかし，大規模な社会基盤施設を整備する場合ですと，すべての関係者がプロジェクトの実施に賛成して協力するといったことは普通はありえません。プロジェクトの実施からメリットを受ける人たちが多数いたとしても，デメリットを被る人たちが必ずといってよいほど存在するからです。複雑に利害が入り組む関係者がいかにして合意を形成するかは，社会基盤施設を効率的に整備していく上で非常に重要な課題となっています。

では，どのようにして合意形成を行っていけばよいのでしょうか？　これは人類の歴史が始まって以来何度も繰り返し問われてきた問題であります。残念ながら，決定版といえるような答えはこれまでのところ見つかっておりません(おそらく今後も見つからないでしょう)。ただし，社会基盤施設整備をめぐる合意形成を行っていくには，少なくとも次の2つの課題に取り組んでいく必要があるといえます。一つは，社会基盤施設の整備が社会にもたらす利益の大きさを正確に推定することであります。もう一つは，利益の取り分が大きく偏らないようできるだけ公平に利益を分配する仕組みを導入して，一部の利害関係者がプロジェクトの実施に強く反対しないようにすることであります。これら2つの条件が満たされて初めてすべての利害関係者がプロジェクトの実施に協力し，結果として大きな社会的利益が実現する可能性が生まれます。

社会制度の設計

プロジェクトを新たに実施する場合，需要予測や事業評価といった分析が必ずといってよいほど行われます。これらは，プロジェクトが社会全体にもたらす利益の大きさや，それぞれの利害関係者に及ぼす影響を事前に推定するための分析技術であります。これまでの議論からもわかるとおり，需要予測や事業評価は利害関係者が合意形成を行っていくうえでたいへんに重要な役割を担っています。

しかし，社会基盤施設整備が地域社会にもたらす劇的な変化を正確に推定することは，そもそもたいへん難しい作業であります。ひとくちに需要予測や事業評価といっても複数個の方法論がありますし，そのうちのどの方法論を用いるかで分析結果が大きく異なってくることも少なくありません。大規模なプロジェクトの場合ですと，計画されてから施設が実際に利用されるまでに非常に長い期間を要するのが普通です。そのため，その間に生じる社会情勢や経済情勢の大きな変化の影響も被ることになります。また，近年では国や地方自治体が実施する需要予測や事業評価に対して，プロジェクトの実施を正当化したい担当部局が自分達に都合のよい分析結果を算出しているのではないかといった厳しい批判が寄せられております(28 頁図)。これらの諸々の要因が組み合わさることで，本来は合意形成を促進する役割を担っている需要予測や事業評価が，実際には合意形成の阻害要因になっている事例も見受けられます。

これまでに開発されてきた分析技術(しかも，本来は社会的に有用である分析技術)が有効に活用されないのは大きな問題といえます。ただし，分析技術の改良のみを通じて上で述べたような問題をすべて解決することはできません。そこで，最近では次のような研究が重要であると認識されるようになってきております。それは，「どういった方法論で誰が需要予測や事業評価を行っていけばよいか？」，「どういった形で分析結果を公表していけばよいか？」，「予測が外れることを想定して，どのように計画を立てていけばよいか？」，「想定していなかった事態

需要予測に対する社会的不信

「事業実施を正当化するための数合わせでは?」

東京湾岸横断道路の場合

千葉県ホームページより引用
http://www.pref.chiba.jp/syozoku/i_douro/aqua/trans-j.html

需要 (台/日)	予測	1981年 45 000 1985年 30 000 1997年 25 000
	実績	1998年 10 500
事業費 (億円)	予測	1981年 7 000 1985年 8 000 1987年 11 510
	実績	1997年 14 400

需要予測に対する社会的不信　東京湾横断道路プロジェクトは需要を過大に費用を過小に見積もっていたのではないかとの厳しい社会的批判を受けました。

が生じた場合にどのように対処していけばよいか？」といった疑問に答えることを目的とした研究であります。そこでは，経済学等の社会科学分野における理論を用いた数学的なモデル分析が主に行われております。これらは工学部における伝統的な技術開発とは大きく異なる研究であります。しかし，これまでに開発されてきた優れた技術が社会で有効活用される可能性を広げるという意味において，非常に重要な研究であるといえます。ここで触れたのは需要予測や事業評価といった分析技術の活用に向けた研究でありますが，その他にも優れた建設技術が有効活用される社会制度のあり方を模索する研究なども行われております。これらは広い意味では社会制度の設計に関する研究といってよいかと思います。

広がる活躍の場

土木工学を大学で学んだ卒業生の代表的な進路の一つに国の省庁や地方自治体等の行政機関への就職があります。行政機関に就職した卒業生は公共事業の実施に携わるだけでなく，私達が暮らす都市・地域をより安全で快適なものとするための制度の見直しにも携わっています。新規に実施される公共事業が減少していく今後は，制度の見直し作業の重要性が相対的に高まっていくとも予想されます。もちろん，現実の制度を見直す作業は，社会的に最も望ましい見直し案を理論的に導き出して終了するといった単純なものではありません。現状の制度が抱える問題点を指摘し，その見直しのあり方を議論するための論点を整理し，見直しの可能性を複数の論点に照らし合わせて一つ一つ検証していくといった作業を絶えること無く続けていく必要があります。社会制度の設計の考え方について大学時代に学んでおくことは，複雑かつ困難な制度の見直し作業に取り組んでいく上でたいへん有益であると期待されます。

ドナウ河をはさんだブラチスラヴァ（スロヴァキア）の旧市街地と新市街地の街並み　社会制度の違いが街並みの美しさに与える影響の大きさを伺い知ることができます。

5 国づくり・地域整備プロジェクトの評価

◉ 森杉壽芳・河野達仁・織田澤利守

公共事業の評価

人びとの暮らしをより豊かなものとし，社会経済に発展をもたらすことを目的として，道路や公園，水道，河川堤防，港湾などの社会資本を整備する事業を公共事業といいます。例えば，いつも混雑している道路が拡幅されれば，目的地までの所要時間が短縮され，利用者の利便性が向上します。また，河川に堤防が整備されれば，洪水発生の危険性が低下し，流域の生命や財産が守られます。公共事業では，こうしたメリットが発生する一方で，建設費用の負担や環境に与える悪影響などのデメリットも伴います。そのため，特定の事業の実施においては，そのメリットとデメリットを厳正に評価し，事業実施の妥当性を適切に判断することが求められます。

公共事業の評価はどのように行われるのでしょうか？　公共事業の評価を行う上では，2つの重要な観点があります。一つは効率性の観点です。簡単にいうと，無駄がないかどうかです。もう少し厳密な定義に近い説明をすると「他の人の満足度を引き下げることなく，ある人の満足度をひき上げることができない状態」を最も効率的と考えます。公共事業の効率性を評価する手法として費用便益分析という手法が広く採用されています。費用便益分析は，事業のメリットとデメリットを便益と費用として，できる限り金銭価値換算し，便益が費用を上回る場合にその事業の実施に値すると判断します。費用便益分析は，公共事業の可否のみではなく，社会資本にかかわるさまざまな政策の評価に応用することができ，事業や政策がもたらすメリット・デメリットの性質に応じて，従来手法の改良および新たな手法の開発が行われています。

もう一つは公平性，すなわち個人間の満足度の違いについての観点です。例えば，整備された道路周辺の住民とそうでない住民の満足度は異なりますし，金持ちとそうでない人の満足度は異なります。こういった個人間の満足度の違いを考慮して政策を評価することは重要です。ただし，効率性に比較して公平性については，さまざまな価値判断によりさまざまな公平性があり得ることを認識しておくことが重要です。

交通・土地利用規制の評価

都市には生活に必要な多くのものが近接して存在しているため，たいへん便利です。しかし，都市内部では，慢性的な道路混雑が発生しており，道路混雑によってもたらされる経済損失は年間約12兆円にものぼるという試算もあります。さらに，都市における土地利用に何の規制もなければ，住宅のすぐ傍らに工場が立地し，騒音や大気汚染などによって居住環境が著しく悪化する恐れがあります。このように，何も規制がないと都市は無秩序に発展し，さまざまな都市問題を引き起こします。

都市の住民の生活を快適にするためには，どのような政策が必要でしょうか？　混雑緩和のためには，都市の中心部を通行する車両に通行料金（混雑税）を課税する政策が有効です。ロンドンやシンガポールなどの一部の大都市では，すでに施行され，大きな成果を挙げています。都市における土地利用に関しては，住居地，工業地，商業地などの土地利用の用途規制や建物の建ぺい率や容積率に制限を課す形態規制といったゾーニング政策が必要となります。

政策を評価する上では，その政策効果をできるだけ正確に予測することが重要です。都市の利便性は，必要なものが近くにあるという近接性から生じています。政策はその近接性に影響を与えます。例えば，土地利用規制は経済主体の立地場所を制限するため，近接性を変化させます。また，都市政策は都市の発展に大きな影響を与えます。ただし，この都市の発展は，他の都市の発展や衰退に依存して決まります。この場合は都市間距離が重要な働きをします。こういった都市内の近接性や都市間距離といった空間距離を含んだ経済の均衡を分析するの

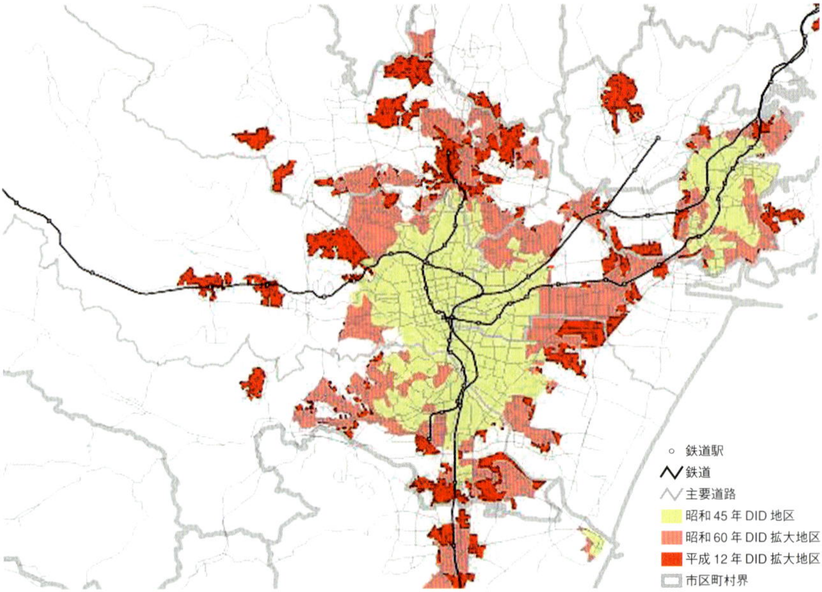

仙台市の発展(計量計画研究所作成)　図には，1970 年時の DID 地区(人口集中地区)と 1988 年，2000 年に拡大した地区を示しています。DID 地区は，人口密度 4 000 人/km^2 以上の国勢調査区が集合して，人口 5 000 人以上となっている地区を示します。図から仙台市の DID 地区は外側に拡大し続けていることがわかります。

は複雑であり，研究する課題が多く残されています。

公共事業の運営と維持管理

我が国では，社会資本の高齢化が進展しており，戦後から高度成長期にかけて整備された社会資本が一斉にその耐用年数を迎えようとしています(例えば，道路構造物のうち，全橋梁の約 40 %，全トンネルの約 25 %は建設後 30 ～ 50 年経過しています)。しかし，「壊して，またつくる」という使い捨て型の整備方法は財政的にも困難となり，また環境負荷の観点からもけっして望ましくはありません。だからといってそのまま放っておけば，社会資本はやがて荒廃し，私たちの生活の利便性や快適性，安全性が著しく脅かされることとなるでしょう。このように我が国の社会資本が置かれている状況はたいへん深刻なものです。

社会資本は国民共有の資産であり，現代世代の我々はその有効活用と保全を図り，将来世代に継承していく義務があります。将来にわたって安定的に質の高い社会資本サービスを提供するためには，必要な新規整備を行いつつ，維持・修繕および更新を通じて既存施設を有効に活用していくことが大切です。そのためには，新規整備時に限らず，既存施設の管理・運営方策を検討する場合や計画，運営を中止する場合においても，その便益と費用を長期的な視野で評価する必要があります。今後，社会資本の整備・運営をより効率的に行うためには，計画，設計，施工，管理・運営，廃棄に至るまでの社会資本の「一生涯」を通じて必要となる費用，すなわちライフサイクルコストを適切に評価し，管理する技術の発展が不可欠です。

補修前（上）と補修後（下）の熊ヶ根橋　国道48号「熊ヶ根橋」は1954年に供用開始され，約50年が経過したアーチ型の鋼橋です。老朽化や交通量の増加に伴い，補修・拡幅工事を行われました。橋の架替えではなく，両側に橋脚や橋桁を付け足す方式が採用され，コストの縮減と工期の短縮が達成されました。

6 歴史に学ぶ・都市計画

◉ 後藤光亀

歴史に学ぶ――野蒜(のびる)築港にみる都市計画

宮城県の鳴瀬川河口に横浜港規模の港湾計画があったのをご存知でしょうか。

明治政府は，東北地方に国策の殖産興業の一環として港や道路などの交通網整備に力を注ぎ，内務卿大久保利通は仙台湾に交通網の要としてわが国最初の洋式近代港湾事業「野蒜築港」を考えました。当時の一大国家プロジェクトの設計者はオランダ人技術者ファン・ドールンです。「野蒜築港計画」は港湾と運河の建設のみならず，道路や河川舟運を結び，野蒜港を扇の要とした東北各地域を結ぶ交通網構想の実現でもありました。

野蒜港は，明治 11 年から工事が始まり，明治 15 年に盛大に開港式が行われますが，2 年後の 9 月台風により河口突堤が被災して頓挫し，翌 18 年，明治政府は野蒜築港事業を断念します。野蒜築港は失敗に終わり，「幻の港」となりましたが，そこから多くを学ぶことができます。

野蒜築港の市街地計画と道路・上下水道計画

2004 年 3 月，この野蒜築港市街地跡に現在の下水道である「悪水吐暗渠」が発見されました。切石積みの矩形の断面に，近代土管と接合部にセメントを使用した本格的近代下水道施設（ライフライン）です。ライフラインとは，都市の機能を保つ生命線です。

この「悪水吐暗渠」跡は，横浜の日本人街下水道工事とほぼ同じ時期に行われており，横浜，神戸，長崎の外国人居留地以外で，日本人のための近代下水道施設としてはきわめて初期のものであり，近代下水道史を書き換える程の意義があります。また，道路は歩道を配置し，市街地は細かく分筆されることを押さえ，建築物の防火対策を意識した基準を設定しており，防災上にも配慮した街づくりが計画されました。

港湾は人と物流の行き来するところです。明治10年，西南戦争に勝利し

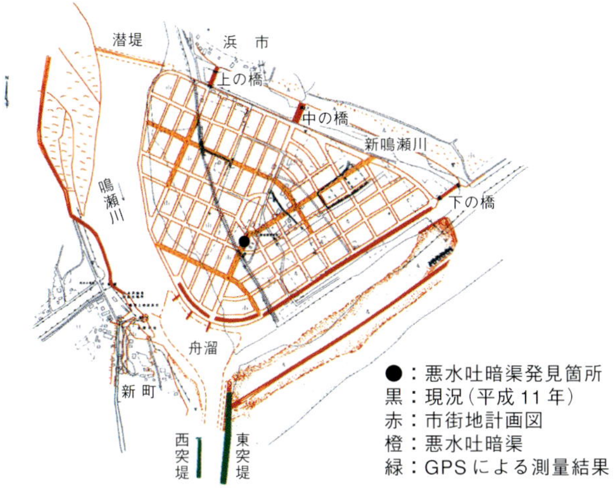

野蒜築港市街地計画図　市街地総面積約35万m^2，市街地は，東西に17，南北に9の区割をし，町数96，宅地数893を数え，公園も4箇所計画されました。

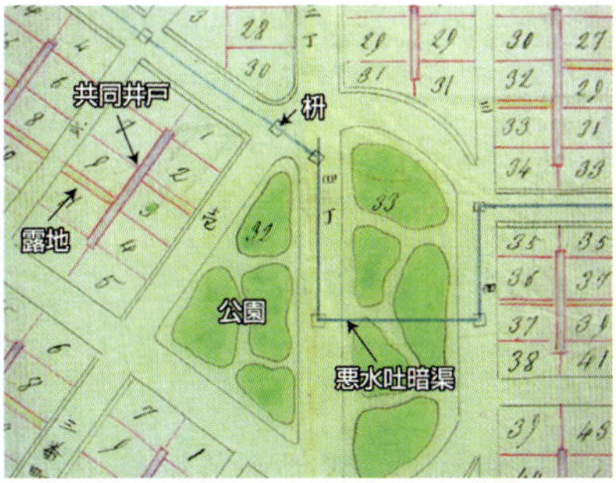

市街地計画図にみる都市計画　一区画内に路地が1～2箇所，区画中央に共用井戸を1～2箇所設置しました。暗渠が発見された大通りの道路の両側には約3m幅の歩道，約10mの車道幅があります。

発見された悪水吐暗渠　日本人用の近代下水道施設としては最古級です。発掘全長は11.3m，内側断面は，高さ約60cm，幅約60cmの矩形断面です。

切石の本管と枝管に使用された近代土管　接合部にセメントを使用。当時最先端の近代土管と高価なセメントを使用しています。

た政府軍は，コレラ流行の戦地から神戸港への上陸を拒否されました。しかし，強引に上陸し兵士が全国に帰還したので，この年はコレラが大流行となりました。コレラ菌が発見されたのが明治18年，伝染の防止が上・下水道の整備が不可欠であることの認識は十分でない時代でした。

このような状況で，野蒜築港の市街地に下水道の設備が計画・施工されたのは画期的なことです。ただし，糞尿は汲み取りであると考えられ，生活雑排水は地下浸透すると考えられ，井戸との距離を考慮すると当時流行していたコレラなどの伝染病への対策としては十分とはいえないと推察されます。

市街地跡「悪水吐暗渠」の発見から学ぶ——セメント硬化物の考古学的解析

常滑（愛知県）の鯉江方寿は，木型を使い規格に合う強度とソケットの形が直角になり管と管との接合部の精度向上させた近代土管を開発しました。今回発見された近代土管は，切石積の悪水吐暗渠（下水道幹線に相当）に取り付け管として接続され，土管と土管および土管と切石の接合部はセメントモルタルが使用されています。セメントは水と反応してセメント水和物となりますが一部は未水和セメントが残留します。この未水和セメントの有無がセメント硬化物である検証となり，当時のセメントの製造技術や品質が検証できます。この硬化物の電子線マイクロアナライザーによる元素

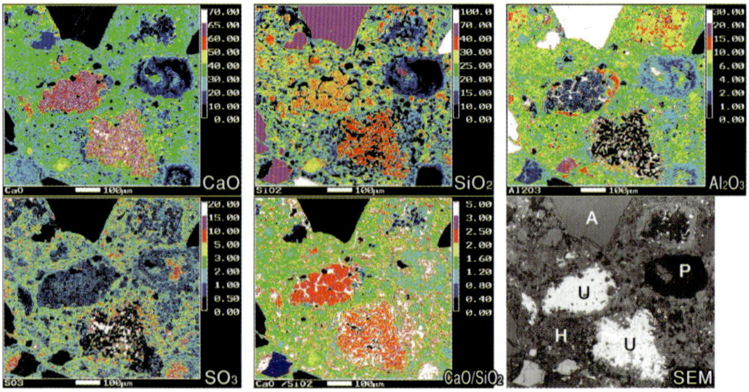

電子線マイクロアナライザーによる元素分布像　U：未水和のセメント，H：水和セメント，P：空隙，A：骨材。未水和のセメントの大きさが200 μm と大きく，現在（数 μm）の粒子の粉末度と異なり，製造技術の差が伺えます。

分布像の結果より，モルタルには未水和のセメント粒子が観察され，未水和セメントにはエーライト相やビーライト相などのセメント鉱物が認められ，骨材周囲にはセメント水和物が生成して硬化しており，セメント硬化体であることが確認されました。このように，今回のセメント分析より，約120年前のセメント硬化物から当時のセメント製造技術や施工時の特徴が伺い知れることは興味深く，近代土木遺産の考古学的解析法としての応用が期待されます。

「近代土木遺産」から学ぶもの

この発掘調査では，多くの土木技術者が参加し，先人の技術を専門の立場より解析し，現在行われている土木技術と対比し考えさせられることが多くありました。砂地に建設された石井閘門やレンガ橋台は宮城県沖地震や直下型の宮城県北部地震にも耐えてきました。「悪水吐暗渠」発掘調査を通して，野蒜築港建設にかかわり，明治の近代化を担った「土木技術者」の心意気と使命感が伝わってきます。

明治政府が，東北地方に展開した一大国家プロジェクト「野蒜築港」でしたが，開港後すぐに幻の港となりました。政府直轄事業中止という大英断なのか，見捨てられたのか，現在の公共事業のあり方からも興味深いことです。また，野蒜築港建設では，「起業公債」を活用しており，工事や費用変更の報告を詳細に行っており，公共事業の説明責任の立場からも注目されます。この「失敗に学ぶ」ことは多いと思います。私達のつくる社会基盤（ライフライン）も，将来の世代に高く評価されるものを残したいものです。

悪水吐暗渠を見学する地元の小学生達

都市を創る

西村　修

戦後日本が世界に例をみない速度で経済成長をとげ，豊かな社会を実現した要因として，公共事業によって社会基盤整備を強力に推し進めたことがあげられます。戦後の復興期から1960年代までは道路，港湾等の産業基盤整備が，1970年代後半以降は道路とともに公園，下水道などの生活基盤整備が重点的に実施されてきました。しかもそれらは急峻かつ複雑で狭隘な地形，軟弱な地盤，地震，豪雨，渇水などの災害が多発する脆弱な国土条件において，驚くほどの速度をもって着実に進められてきました。今日，日本が世界有数の経済大国であることも，こうした自然条件の厳しい国土に築かれた社会基盤があってこそであることは間違いありません。

しかし，いま私たちが暮らす都市はさまざまな課題に直面しています。経済の発展とともに社会の構造が変わり，少子高齢化が進む中で子供からお年寄りまで安心して心地よく暮らせる都市づくりが求められています。また，スピードを重視した社会基盤整備から脱却し，画一的ではない地域の性，歴史，文化・風土，伝統を尊重した都市づくりが求められています。そして地球温暖化などのさまざまな環境問題が深刻化する中で，持続的発展を目指して自然環境の保全と活用を図る都市づくりが求められています。

どうすればそんな都市をつくることができるでしょうか？　土木技術者は考え，行動します。

参考文献

1) 森杉壽芳：「社会資本と土木技術に関する2000年仙台宣言（案）」解説，土木学会誌，85(9)，p.11，2000

Part 2

仙台夜景

都市づくりには土木技術者の創意工夫が求められます。

1 都市の景観——日本の固有性

平野勝也

西欧都市の本質

西欧の原風景　ケルンからベルリンに向かう車窓から。

スイス・ルツェルンの街並み　尖塔教会が真ん中左に見えます。

「自分がどこにいるかわからない」これはとても不安で焦燥感が募り，恐怖を覚えることさえあります。人はいつでも無意識のうちに動物的本能で自分の居所を確認していて，たとえ深酒していても，家に帰り着くことができます。

さて，緩やかなうねりとともに広がる森，そして平原（現在多くは畑となっていますが）は，西欧の原風景とでも呼べる風景です（写真：西欧の原風景）。このような場所では家を離れれば離れるほど，帰ることが難しくなりそうです。何の目印もありません。西欧の人にとって，いかにして家に帰り着くかは大問題だったに違いありません。

西欧の都市はこうした環境の下に生まれました。中世の西欧の都市は，キリスト教という一神教の影響か，点を突き刺すような先のとがった教会（尖塔教会（40頁写真：スイス・ルツェルンの街並み））が街の中心に据えられました。また，異民族同士の抗争から自分たちの都市を守るために，市壁（街全体を囲む城壁（写真：ローマの市壁））をつくりました。これらのことは，結果として，「家にたどり着く」という彼らの大問題を解決していたのです。遠くからでも尖塔教会が目印となり，街に帰ることができます。また，市壁の内側にいれば，たとえそこで道に迷っても，市壁の内側であることには，変わりがありません。テリトリーが市壁によってつくられたのです。

ローマの市壁　中世からの都市ではローマに限らず多くの市壁が残っています。

パリ・シャンゼリゼ通り　バロック式都市設計の集大成です。

教会も家も市壁も石でつくられました。地震がありませんので，石を積み上げれば堅固な家ができました。石ですから，腐りません。西欧の建築物は半永久的な存在なのです。こうして都市の「石の文明」が形づくられていきます。

その後西欧では，連綿と石の文明による人工物を中心に都市のデザインが行われていきます。その集大成が，ルネッサンス期に確立された合理美

の概念から生まれた，バロック式都市設計といわれるものです。パリで最も華々しく花開きました(41頁写真：パリ・シャンゼリゼ通り)。

こうした都市形成の歴史から，英語にはbuilt environmentという言葉があります。これは日本語に訳すことは難しいのではないでしょうか。市壁の内側の環境を意味します。市壁の内側はすべて人工物なのです。それに対し市壁の外側はnatural environmentといいます。「人工環境」と「自然環境」は市壁を隔てて二項対立の概念を形成しています。

日本の都市と自然

翻って，日本の原風景はどうでしょうか。日本の地形は起伏に富み，さまざまな風貌の山河が風景を織りなしています(写真：島根県・津和野の山並みと街並み)。尖塔教会を建てるまでもなく，場所場所でよく知っている山河の見え方が異なりますから，目印に困ることはまずありません。またテリトリーも，谷や小盆地や山際といったいわゆる「山懐に抱かれて」暮らしてきましたから，市壁のように人工的な領域を形成する必要もありませんでした。極論すれば山を越えなければ別の土地に出ることはないのです。「坂」という言葉がありますが，その語源は「境」と同じなの

島根県・津和野の山並みと街並み　「ふるさと」を彷彿とさせる風景です。

尾道の街並み　海が見えなければ魅力は半減します。

だそうです。日本人は，自然に甘えて都市をつくってきたのです。建物は木で造られました。日本の都市は「木の文明」によって形づくられていきます。木は腐りますし燃えます。江戸時代の町屋は度重なる大火に備え，数年で元が取れる程度の粗末な家にしていたといいます。日本の建物は，一部の由緒正しき神社仏閣を除き，いってみれば新陳代謝していくものなのです。

こうした背景から形づくられた日本の都市は，自然に甘えて形成されていきます。目印にすぎなかった山河はしだいにシンボルとなっていきます。盛岡の北上川から見える岩手山。弘前の岩木山，仙台の広瀬川など，東北にも街のシンボルとなっている山河が多く存在します。教会や凱旋門といった人工物をシンボルとしてきた西欧とは根底から異なっています。こうした自然に依存したまちづくりの集大成は江戸でしょう。あちこちに，富士山が眺望できる「富士見坂」や，江戸湾を見晴らせる「汐見坂」がありました。また，街路の延長線上に富士山や筑波山などをみることができる「山アテ」といわれる街路も多くありました。街も地形に合わせて形成され有機的な構造をしていました。こうしたことは江戸に限らず多くの城下町で行われていました。つまり，建物といった人工物が美しさの中心ではなく，道や坂によって取り込まれた周辺の自然美や，都市内に残る川や空き地に広がる自然の機微が，江戸時代の日本の街を美しいものにしていたのです。換言すれば，日本の都市美は建築ではなく，川や道を担当している土木が担っていたのです。それは現在でも変わりないのです。海の見える坂道はやはり味わいがあります(42 頁写真：尾道の街並み)。

日本の都市景観論にはびこる誤謬

日本の都市景観は，よく西欧と比較して醜いといわれます。確かに街並みは粗悪なものが多いようにも思います。そのためか，日本の景観整備と銘打ったプロジェクトでは，「看板を統一しましょう」，「電柱電線を地中化しましょう」，「外壁の色を統一しましょう」，「屋根形状を統一しま

西欧的景観整備の結末　ある下町商店街の事例から。

しょう」といったことがよくいわれます。しかし，これらの提案を考えてみると，そのほとんどどすべてが，合理美すなわち西欧が長年培ってきた「人工環境」の延長線上にあることに気づきます。

景観整備を行った商店街があります。もともと，街道筋にできた宿場町的な商店街でした。ぐちゃぐちゃな道を整形する区画整理という方法が用いられたこともあって，ほとんどの店舗が建て替えることになりました。みんなで，新しい建物を建てるということもあり，熱心に景観の議論が行われました。看板を統一し，建物は白を基調としたデザインで三角屋根をつける。瀟洒で高級そうな街並みができあがりました。完成から15年ほど経った現在，下町的で庶民情緒あふれるような商品陳列でにぎわいを演出し，何とか郊外型の店舗と戦おうとしています。思い出してみると，これは建て替え前の姿そのものなのです。合理的統一美を目指した瀟洒で高級そうな建物のイメージは，その庶民的なイメージの邪魔にしかなっていません（上写真）。

日本の都市には，こうした景観整備の取り組みが必要ないとは，もちろん，いえません。しかし，一番大切な部分を見落としているような気がしてなりません。日本には日本の美意識があります。西欧と日本の都市デザインの歴史は対極にあるほど異なっているのです。もし日本にパリそっくりの壮麗な街ができたとして，日本人はそれを幸せと感じるでしょうか？世界から多くの観光客が来てくれるでしょうか？　答えは自明です。日本の都市が持っていた自然と融和した美しさは今，失われつつあります。だから，日本では，どんな都市でもまちづくりのスローガンは「水と緑のまちづくり」なのです。そんな中で，新たに西欧の美意識も用いることでまちの美しさや魅力が再生するのでしょうか。

都市景観のこれから

先の「景観整備した商店街」のような例は，全国で多くみられます。景観を「みてくれ」だけで考えてはならない良い例でしょう。日本には日本の個性や美意識があり，その土地にはその土地の伝統や文化が息づいています。それが，「みてくれ」となって都市景観に析出してくるのです。皮相的に形の統一といった西欧の物まねをするのではなく，こうした背景を踏まえた景観論を深め，日本的な都市美，そして秩序を研究し，広めていかなければなりません。それが，都市景観という学問分野が目指すべき方向なのです。

日本では，高度成長期に次々と高いビルが建てられ山への眺望は失われ，川はコンクリート製の放水路と化し，機微を持った地形は都市開発で平らにされてきました。今でもそれが続いています。これらを何とか阻止し，元に戻していく，すなわち，「眺望規制：眺望を確保するために建物の高さを規制する」，「河川の再整備」そして「地形の改変を伴う都市開発の規制」など，日本の都市美を復権させるための実践的な取り組みも始めていかなければなりません。

2 人と環境に優しい公共交通システムを目指して

徳永幸之

現在の交通問題を考える

いつも混雑している東二番町通（仙台市）　一人乗りマイカーの多さが目につきます。

例えば，私達の住む仙台市。朝夕の交通混雑や地下鉄・バスの使いにくさをどうにかして欲しいと思っている人も多いのではないでしょうか。1970年以降の急速な車社会化の進行と都市の郊外化は未だに続いています。道路の整備も進められていますが，一向に渋滞は解消されません。地球温暖化の観点からも過度な車依存からの脱却が求められており，地下鉄の整備や公共交通優先信号の導入をはじめとした公共交通利用促進策がとられていますが，そう簡単には車からの転換が起きていないのが現状です。

地下鉄の整備については，全国各地で採算性に疑問があるということで批判の的になっています。もちろん現在の制度の下では採算性が重要な評価項目の一つであることは間違いありません。しかし，それだけでいいのでしょうか。地下鉄整備の便益は地下鉄利用者だけではなく，車から地下鉄への転換が起き，それによって渋滞が解消すれば車利用者にも大きな便益が生じます。さらに，地下鉄沿線には新たな商業施設やマンションなどが立地するなど，社会に与える影響は非常に大きなものです。このような社会全体に及ぼす影響をきちんと評価してその是非を考えて行く必要があります。

一方，地方部に目を転じると，そこはもう完全な車社会となっています。

郊外の巨大なショッピングセンターだけでなく。病院も効率化のための統廃合によって郊外の大駐車場付きの病院に集約されてきています。そのような広域移動を支えるための道路整備も進められていることから，車を使える人にとっては以前より便利になっているかも知れません。しかし，高齢者など免許や車を持たない人にとっては，バスなどの公共交通が頼りですが，そのバスは利用者の減少に伴ってサービス水準は低下し，撤退してしまう地域も増えてきています。このような地域においても，車を使えないいわゆる交通弱者に優しく，また財政負担の小さい公共交通システムの構築が求められています。

交通施設整備と人々の生活の変化

地下鉄利用者数変化の考え方（1）

■住民タイプを考慮しない場合

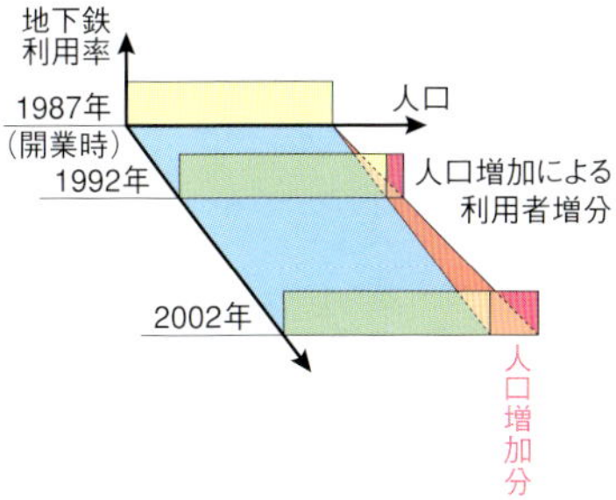

従来モデルの考え方　従来の需要予測モデルでは，地下鉄駅までの距離などのサービス特性や免許保有の有無などの個人属性の違いは考慮していましたが，その地区にいつから住んでいるのかといった居住履歴などは考慮されていませんでした。したがって，地下鉄利用率はほぼ一定で推移するはずであり，地下鉄利用者数の増加はその地区の人口増加で説明されることになります。

地下鉄利用者数変化の考え方（2）

■住民タイプごとの分担率を考慮

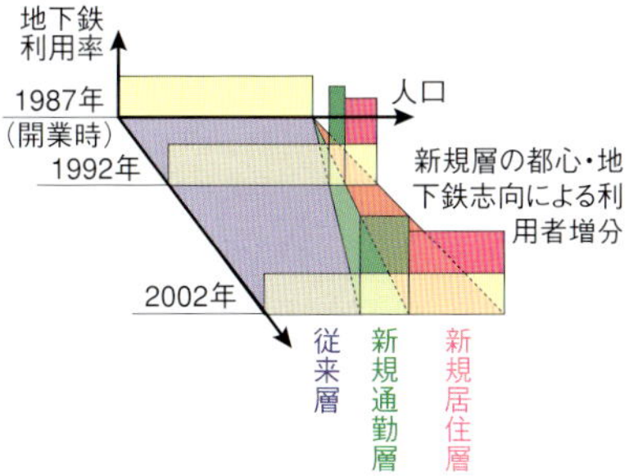

居住履歴を考慮したモデル　しかし，住民の入れ替わりがあるため，地下鉄開業後に転入してきた人（新規居住層）は人口増加分以上います。また，以前から住んでいる人の中でも成長によって地下鉄開業後に通勤を始めるようになった人（新規通勤層）もいます。これら新規層は従来層より，地下鉄利用率が高いと思われます。したがって，このような居住履歴を考慮したモデルで需要予測していく必要があります。

大都市圏においては人々の1日の行動を調査するパーソントリップ調査が10年ごとに実施されており，仙台市においても1972年から4回の調査が実施されています。従来の交通計画は，別途予測した人口や土地利用の状況に基づいて，目的

分析対象地域区分

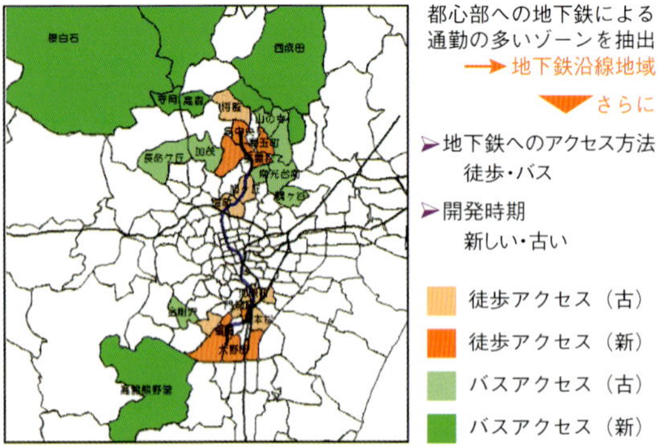

地下鉄沿線の地域区分　地下鉄利用率が従来層，新規通勤層，新規居住層によって異なっているかどうかを確認するにあたり，地下鉄の利便性や住民の入れ替わりといった地域特性によっても違いがあることが考えられるため，地下鉄沿線地域を４つに分類してみました。まず，地下鉄駅までの交通手段により徒歩アクセス圏とバスアクセス圏に分け，さらに，団地の開発時期により新・旧２地区に分けました。

地や交通手段を予測することによって行われてきました。その際，地下鉄沿線に住む人と非沿線に住む人，あるいは地下鉄開業以前から車を使って生活してきた人と地下鉄を使おうと思って地下鉄沿線に転居してきた人も，モデル上では行動原理は同じであるとして扱われてきました。したがって，地下鉄開業後の地下鉄利用者数の増加は沿線人口と同じ伸び率にしかならないことになります(47頁図：従来モデルの考え方)。しかし，仙台市営地下鉄南北線では沿線人口の伸び率以上に地下鉄利用者が増加しました。これは，地下鉄開業後に転入してきた人や新たに通勤を始めるようになった人は，地下鉄開業以前から住んでいた人より地下鉄をよく使っているからではないでしょうか(47頁図：居住履歴を考慮したモデル)。

住民タイプを考慮した地下鉄通勤者数

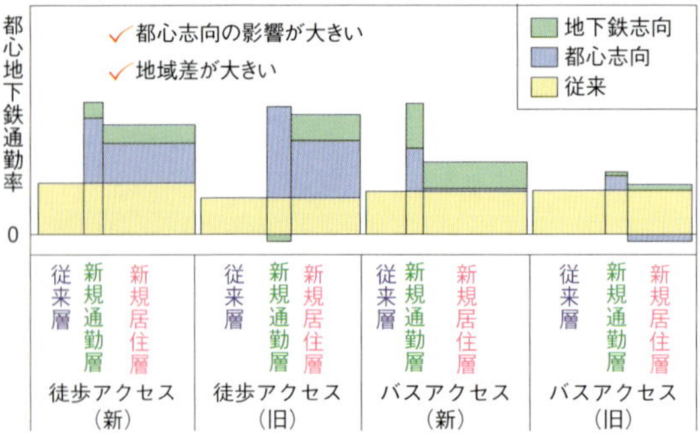

人口構成比
都心部への通勤トリップ(2002年)

地区別利用者数の違い　通勤を例にとると，従来層と新規層での地下鉄利用率の違いは，地下鉄で通いやすい都心部に通勤する比率が高いこと(都心志向)と，都心に通勤する際に地下鉄を利用する比率が高いこと(地下鉄志向)の２成分に分解して考えることができます。徒歩アクセス圏では都心志向と地下鉄志向がともに大きく，バスアクセス圏の新しい団地では地下鉄志向が大きいことがわかりました。なお，横幅は人口構成比を表しています。

そこで，2002年の仙台都市圏パーソントリップ調査では全国で初めて居住履歴についても調査しました。その結果，開業前からの居住者は車に依存した生活を続けているのに対し，開業後に新たに通勤を始めるようになった若い人や開業後に転居してきた人は地下鉄をよく利用していることが明らかになりました。この傾向は地下鉄からの距離や団地の開発時期によって異なることも明らかになりました(48頁上下図)。また，この図からは交通環境の違いが交通手段選択だけでなく，目的地選択や住民の入れ替わりといった土地利用面にも影響を与えていることが示唆されます。このように，交通施設整備と人々の生活の変化，さらには土地利用の変化を考慮して交通とまちづくりを計画していく必要があり，そのための計画手法について研究していかなければなりません。

地方部で深刻な公共交通の問題

免許保有率の推移（仙台都市圏パーソントリップ調査）

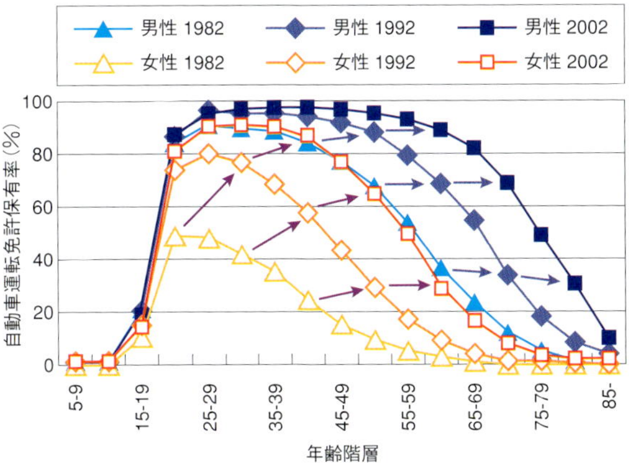

上昇を続ける免許保有率　仙台都市圏パーソントリップ調査結果から，男女別，年齢階層別の自動車運転免許保有率の推移を見たものです。1982年に50～54歳の男性は1992年には60～64歳，2002年には70～74歳になりますが，免許保有率はそのままで，結果的に高齢者の免許保有率が高くなったように見えます。一方，女性は若・中年層で新たに免許を取得しており，急激に免許保有率が上昇してきています。

今後の公共交通を取り巻く環境はさらに厳しいものになることが予想されます。上図は仙台都市圏における20年間の自動車運転免許保有率の変化を表したものです。男性は免許保有率の高い世代が高齢化することによって，高齢者の免許保有率が高くなってきており，高齢ドライバーが増加

栗原地区 65 歳以上人口と免許保有率の推移

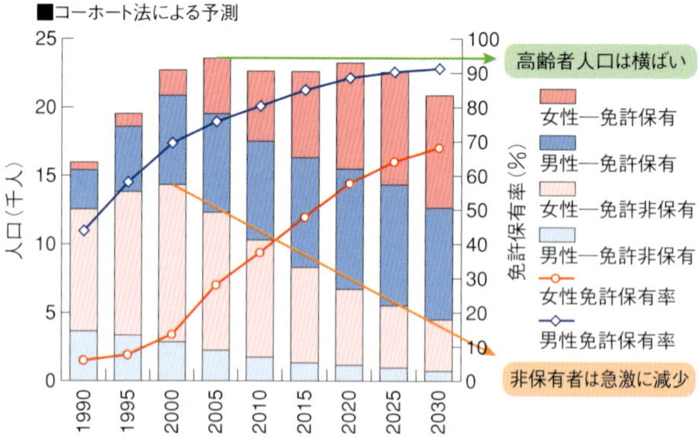

減少する高齢の免許非保有者　宮城県栗原市の 65 歳以上人口を 2000 年までの実績値に基づき，年代別の死亡率などを考慮して推計するコーホート法によって予測したものです。栗原市では急激に高齢化が進んできましたが，2000 年以降は高齢人口も横ばいに推移するものと予測されます。その中で免許非保有者数は 2000 年以降急激に減少し，2020 年には半減してしまうと予測されました。

していることがわかります。一方，女性の変化をみると，1982 年では若い世代でも免許保有率は 50％以下でしたが，その後郊外部では車がないと生活しづらくなってきたため，中年層でも新たに免許を取得することによって急激に免許保有率が上昇し，2002 年では 1982 年の男性と同じ水準にまで増加してきました。今後 20 年間の女性の免許保有率は男性の後を追う形で上昇し続けるでしょう。したがって，人口が減少に転じようとしている状況においても，今しばらくは車の利用は増加し続けるものと考えられます。

この状況は，都市部より早く車社会化が進み，すでに人口減少期に入ってしまった地方部ではさらに深刻です。上図は宮城県北部の栗原市の高齢人口と免許非保有者数の推移を予測したものです。一般には高齢化によってバスはより重要な交通手段になるといわれています。しかし，この図からは高齢人口自体もすでに横ばいになっており，免許非保有者は今後急激に減少していくものと予測されています。高齢になれば免許をもっていてもバスを利用するだろうともいわれていますが，地方部では商業施設だけでなく病院も郊外に移転し，公共交通では行きにくくなっているため，車を使い続けざるを得ないというのが現実です。

さらに，2002 年のバス事業に関する規制緩和もあって民間バス事業者はどんどん撤退し，自治体は補助金の増額や自主運行によって住民の足を何とか維持していかなければならないというのが現状です。しかし，人口が減少している自治体にとってその財政負担が年々厳しいものとなっていくことは明らかです。住民の足を守っていくためには従来のバスという概念

定禅寺通（仙台市）

にとらわれず，効率的な運行計画を立てていくとともに運賃制度等を含めた制度設計まで議論していく必要があります。さらにはまちづくりについても考えていく必要があるでしょう。

利用しやすい公共交通システムを目指して

仙台都心循環バス実験
公共交通利用促進策の一環として，2000 年に都心循環バスの実験を行いました。この実験成果を踏まえ，2002 年から都心部初乗り運賃を値下げした「100 円パッ区」が実現しました。
青葉通を走るカーバスくん（都心循環バス：右），るーぷる仙台（観光循環バス：中），路線バス（左）

バスや鉄道といった公共交通は，まずは独立採算で考えるのが日本の常識になっています。その観点においても，これまでの交通計画はすでにある需要をどう処理するのかに限られ，利用者のニーズをくみ取り需要を喚起するといったマーケティングの発想が欠けていたことは否めません。しかしそれ以上に，公共交通は今現在の利用者だけのものでなく，住みやすいまちづくりのための重要な要素の一つであることを認識しておく必要があります。すなわち，交通計画はまちづくりと一体のものであり，地域全体で考えていくことが必要不可欠なのです。

3 災害時の水と次世代の水づくり

● 後藤光亀

災害時の水・トイレ問題

現在の都市は，快適で豊かに暮らす社会基盤としてのライフラインが整備されてきました。ライフラインとは，「電気，ガス，水道など，都市機能を保つ生命線」のことです。供給系として「水道，電気，燃料（ガス，LNG，石油等パイプライン）」，情報系として「通信，放送」，交通系として「陸上（道路，鉄道等），海上（港湾），航空（空港）」，処理系として「下水道，廃棄物」があります。ライフラインの問題として，ここでは震災時の「飲み水」と「トイレ」について考えてみましょう。

大人の体の約60％は水分からなります。水の代謝量は一人1日当たり，呼吸で0.4L，皮膚から0.9L，尿として1.3～1.6L，合計2.6～2.9L/人・日とされています。これを基準にし，震災後3日間の飲料水の供給目標が3L/

宮城県北部地震での避難生活（被災地での屋外浴場）

人日に設定されています。しかし，大地震の時は水道事業体からの応急給水にすべて依存することは不可能です。「蛇口をひねっても水が出ない」という，非日常を想定した心構えが必要ですが，残念ながら十分ではありません。生命の維持に必要なのは，飲み水だけではありません。人間の代謝を維持するために食べ物が必要になります。結果として，排泄行為を伴います。これが意外と盲点です。

このトイレ問題が命を奪っています。とくに中年以降の女性が被災弱者として注目されています。すなわち，「トイレに行かない様に水を飲まない」ことが多くなります。その結果，血液がドロドロとなり，血栓を伴う脳梗塞，心筋梗塞，エコノミークラス症候群（肺塞栓）が生じます。阪神大震災や新潟中部地震などで，多くの方々がこれらの原因で亡くなっています。

これと連携して災害時のストレスが注目されています。震災者のストレスは心理的要因からくる恐れ，不安，悲しみ，絶望，怒りなど，また，身体的要因として寒さ，身体活動の増加，不眠，脱水などがあります。したがって，医学，医療の専門家との連携が今後強く求められています。土木工学分野でもこれらの状況を緩和する対応が求められています。

災害は地震だけではありません。津波，洪水，渇水など，非日常生活を強いられる危険を私たちは常に抱えています。これに対応する施設などのハードな整備だけでなく，住民の災害に対する行動を伴う意識改革などソフト面の充実が，今土木技術者に求められています。

次世代浄水技術

人間の生命維持に不可欠な水，ライフラインとして我々に直結している水道水はどのように供給されているのでしょうか。

現在の一般に広く普及している浄水技術である急速ろ過システムは，

水道原水—沈砂池—凝集剤混和池—フロック形成池—沈殿池—砂ろ過池—塩素消毒—配水池—給水—蛇口

海水の淡水化を行う逆浸透膜を用いた浄水場（沖縄県）

という過程を経て，水道水が供給されています。ここで，浄水場内は，沈砂池から塩素消毒までで，浄水場—配水池—蛇口までが地下埋設管で水が輸送されます。

水道の普及は水系伝染病の抑制に大きな貢献をしてきました。しかし，水道原水の汚濁が進み，原水の異臭味が生じ，「おいしく安全な水」の供給が求められ，1970年代に，塩素消毒に起因する発ガン性物質トリハロメタンの生成が問題となり，その後，農薬やカビ臭などの微量汚染物質，最近は耐塩素性のクリプトスポリジウムなどの原虫問題に対応する浄水技術の開発研究が進んできました。その結果，前述の急速ろ過システムに生物処理，活性炭処理やオゾン処理などを付加する高度処理の研究が進められてきました。

従来の浄水技術は，1 mm 程度の砂ろ過層を通過させるシステムでしたが，現在は0.1 μm など任意の目開きをもつ膜ろ過技術の研究が盛んに行われ，全国に普及しています。この膜処理技術は次世代浄水技術として確実に発展していくものと期待されています。この膜処理技術の利点は，被除去物質の大きさに対応した膜を選択することにより確実に除去できることです。また，コンパクトで維持管理が自動化できるなどの特徴を備えており，小規模な水道施設から普及し，現在は日量10万 m^3 程度の中規模浄水場にも普及してきました。膜の種類は，家庭用の浄水器にも使用されてい

クリプトスポリジウムなどの原虫除去用に開発された世界初の水道専用精密ろ過膜　孔径 3.5 μm で，5 μm のクリプトスポリジウムを除去し，かつ膜通過圧力損失を抑える特徴を持ちます

る精密ろ過膜，ウイルスも除去可能な限外ろ過膜，農薬・カビ臭も除去可能なルーズRO膜，海水淡水化用の逆浸透（RO）膜など目的によって使用されています。

これまでの，浄水用の膜は，医薬，工業などで使用していた膜を転用していましたが，より経済的かつ効率的に浄水するため，クリプトスポリジウムなどの原虫除去用に世界初の水道専用精密ろ過膜が開発されました。この膜は従来の浄水場施設を活用することもできる画期的なもので，今後も浄水用の膜開発研究は進展するものと期待されています。

また，これらの膜ろ過技術は，膜のみで濁りや病原性微生物を除去可能であることより，地震などの災害時の緊急給水に活用されており，災害用の浄水技術としても，その機動性やコンパクトな装置特性に期待が寄せられています。

現在，水の浄化技術はかなりの水準まで達しています。エネルギーとコストをかければ水は浄化できます。しかし，究極の水造りとは何でしょうか。それは私達のライフスタイルのあり方と環境を保全する心構えにあり，「水を汚さない」という単純な人間一人一人の行動にかかっています。汚濁のない水環境の創生こそ，次世代の最も重要な浄水技術です。これを実現するには，ハードな浄水技術だけでなく，環境教育などのソフト面での研究開発がますます重要になってきています。

4 構造物の強度を予測・評価する

京谷孝史・石井建樹

安心して生活できる都市をつくるために

山中において，地中400mの地下岩盤内に掘削された揚水発電所用の大空洞　幅20m,高さ47m, 長さ186mあります。発電機タービンを4基据え付けます。昼は上部貯水池から落ちる水が発電機を回して発電し，夜はモーターとして下部貯水池から水をくみ上げ余剰電気を位置エネルギーに変えて保存します。こうした大がかりな装置が快適な暮らしを支えています。

私たちは地球の表面に街をつくって生活を営んでいます。その街を根底で支えているのは，道路・鉄道・水道・電気・トンネル・ダムなど，社会基盤施設（インフラストラクチュア）と呼ばれる社会全体の公共の財産である構造物群です。それらは我々の生活を真に根底で支えているために，その恩恵を被っていることすら忘れがちです。でも，発展途上国のニュースなどで

新潟中越地震で崩壊した岩盤斜面　崩落した岩石は道路もろとも通行中の一台の車を飲み込みました。幼い男の子が奇跡的に助かりましたが，男の子のお母さんとお姉ちゃんの尊い命が奪われました。暮らしを支えている安全な筈の道路において，こうした事故が二度と起こってはなりません。そのためにも，岩盤や地盤の強度を予測評価しておくことが重要です。

「インフラが不足しているために，人々は貧しい生活をしいられている……」というようなフレーズを聞いたことがあるでしょう。あるいは日本でも地震などの災害の際に「道路が寸断されて物資が届かなくて困っている」などと聞いたことがあるはずです。普段，安心して便利に暮らしていられるのは，社会基盤施設が充実しているからです。そのような重要な構造物が，予期せず突然壊れることがあってはいけないのです。

社会基盤構造物は地盤や岩盤につくられます。地盤は砂や土などの粒子からなる材料です。また，岩盤は比較的堅い岩石からできていますが大小の不連続面が分布しています。地盤や岩盤は，鉄やコンクリートのように一体化していない不連体なのです。そのため注意しないと大崩壊を起こすことがあります。ですから，丈夫で壊れること

のない構造物をつくり，ひいては安心して生活できる社会をつくるためには，構造物やその建設地がどの程度の強度をもっているかをあらかじめ予測・評価しておくことが重要です。

強度を測る

材料の力学的特性は実験によって調べることができます。いろんな条件で実験を行って，材料の変形強度特性を明確に知ることができます。そうした情報を基に，丈夫な構造物の建設が可能になります。

材料の強度は実験を行って測ります。岩石や土砂などは，その土地固有の自然物なので，どの程度の強度を有しているのか実験をしないとわかりません。これら材料についてはこれまでに膨大な数の実験が行われ，その裏付けに基づいて構造物は建設されています。

コンピュータで強度を予測する

土木工学が対象とする構造物は，非常に大きく，その構造物の強度を調べるような実験を行うことが困難な場合があります。このような場合，コンピュータ・シミュレーションにより強度を調べます。こうした技術を発達させ，構造物自体の破壊現象や強度をコンピュータにより調べることができるようになれば，工学設計上，きわめて有用なツールになると期待されます。

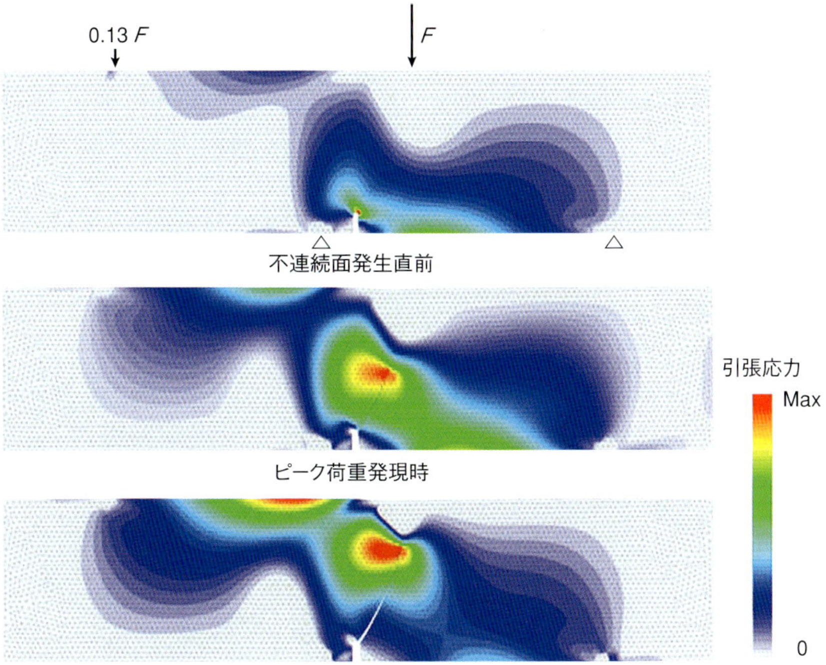

破壊現象を扱うコンピュータ・シミュレーション技術の一例　これまでのコンピュータ・シミュレーションでひび割れ進展を扱うことは難しいことでした。しかし，新しく開発した手法によって，実験と同様のひび割れ進展を表現することができるようになりました。

5 新しい複合材料・複合構造の開発——もっと長い橋をつくろう

◉ 岩熊哲夫・斉木　功

複合材料・複合構造って何だろう?

酒田みらい橋(歩道橋)　実はコンクリート部分は鉄筋が入っておらず，鋼繊維が混入されています。丸い窓の部分をみると，みんなの身の回りのコンクリート橋と比べて，とても薄い部材になっているのがわかります。じつは，丸い窓の奥つまり内側に補強のためのケーブルが入っています。

例えばコンクリートのように，セメントと水を混ぜたものの中に砂や砂利等を入れて硬く強くしたものが複合材料です。公園のプラスティックの椅子も繊維で補強したプラスティック製品（Fiber Reinforced Plastics：FRP）ですが，細かい鋼繊維をコンクリートに混ぜてより粘り強くしたものもあります。上の写真の歩道橋がその一例です。つまり，二種類以上の素材を混ぜて造った材料を複合材料と呼んでいます。複数の材料を混ぜることによって，軽くて強い材料をつくることができれば，それを使った橋はもっと長くできるようになりますよね。

次に鉄橋を河原から見上げてみてください。鋼でできた橋でも，道路部分にはコンクリートの部分が見えたりするでしょう。このような構造を複合構造と呼びます。土木構造物では，主に鋼とコンクリートからなる複合構造が用いられていますが，鋼は引張りに強いですが薄いので圧縮に弱く，コンクリートはその逆の性質をもっています。これを一体化することによって適材適所で材料の特徴を活かすことができ，より軽くより長くより強い合理的な構造物をつくることができるのです。つまり，複合構造の設計は技術者の腕の見せどころでもあります。

複合材料の抵抗係数の予測

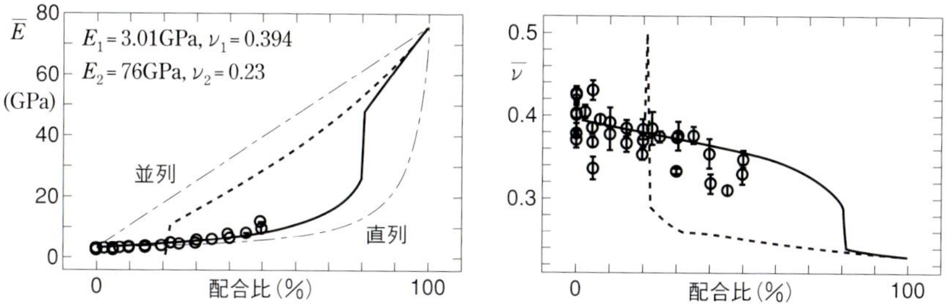

ガラスを配合したエポキシ樹脂の材料定数の実測値といくつかの計算による予測値の比較　白丸が実験値。「並列」「直列」と添え書きした一点鎖線は荒っぽい予測です。実線が僕達が提案した複合材料の設計公式のようなものです。2つの材料定数ともによく合っていると思います。

では複合材料はどうやって設計するのでしょう。コンクリートのようにすでに多くの実験データベースがある材料では，それほど多くない実験によって配合比等の材料設計が可能です。しかし将来，4 km を越える非常に長い吊橋をつくるために新しい材料を開発するとき，計算機の中で配合比等を予想できれば，経済的な材料設計ができるようになります。例えば材料の抵抗係数(バネ定数のようなもの)を予測してみましょう。抵抗係数 E_1 をもつ材料1に抵抗係数 E_2 をもつ材料2を配合わさせたとき，二種類の材料を2つのバネでモデル化して並列・直列に並べると，平均的な抵抗係数は

$$\overline{E}=\frac{(100-\text{配合比})\times E_1+(\text{配合比})\times E_2}{100},\quad \frac{1}{\overline{\overline{E}}}=\frac{\dfrac{(100-\text{配合比})}{E_1}+\dfrac{(\text{配合比})}{E_2}}{100}$$

となりますから，結果はグラフの「並列」「直列」と添え書きした一点鎖線になります。白丸が実験値ですから，どちらもけっして良い予測とは呼べません。

そのため，もっと良い平均化手法が提案されてきています。同じグラフには，僕達が提案した方法による予測を実線と破線で示しました。実線がよく合っているとみることもできますし，実線と破線の間に実験値があるようにも見えます。今は，この程度の誤差で予測ができるようになっていて，同様の手法を材料設計に使っている分野も，実際にはあります。

複合構造の強度

代表的なずれ止めの頭付きスタッド　建設中の橋の上から撮りました。左の影は人の影なので，橋の大きさ，人の大きさ，ずれ止めの大きさを想像してみて下さい。

ところで，複合構造において，適材適所に配置された材料がそれぞれの利点を活かして強度を発揮するためには，それらがばらばらにならず，一体化している必要があります。鋼の材料同士はボルトや溶接（溶かしてくっつける）で一体化されます。コンクリートはプリンなどのお菓子のように型に流し込んでつくるので，一体化のための工夫はとくに必要ありません。では，鋼とコンクリートの複合構造では，どのようにして鋼とコンクリートを一体化させているのでしょうか。

上の写真は建設中の橋で，鋼でできた桁といわれる橋の本体の上を撮ったものです。この後にコンクリートを流し込んで，道路にするわけですが，写真の上の方に並んで写っている釘の大きくなったようなものが一体化のための部品です。これは頭付きスタッドと呼ばれ，鋼とコンクリートを一体化するためのずれ止めと呼ばれる部品の代表選手です。ずれ止めは，複合構造が完成してしまうとけっしてみることはできませんが，複合構造が成り立つために最も重要な部品で，まさに影の立役者なのです。

そんな重要なずれ止めですが，ときには数百 m にも及ぶ大きな橋の中の 200 mm 程度のとても小さな部品です。複合構造を設計する場合，安全性を確認するためにたくさんの計算をするわけですが，そのときに数百本のずれ止めを一つ一つ考えることはたいへんです。今は，ずれ止めを簡単なバネに置き換えて，そのバネのバネ定数や強さを実験に基づいて決めています。

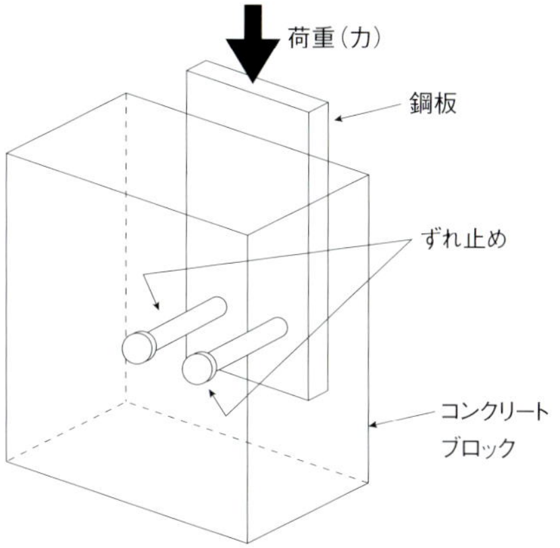

ずれ止め（頭付きスタッド）の試験体
ばね定数や強さを調べる実験に使います。

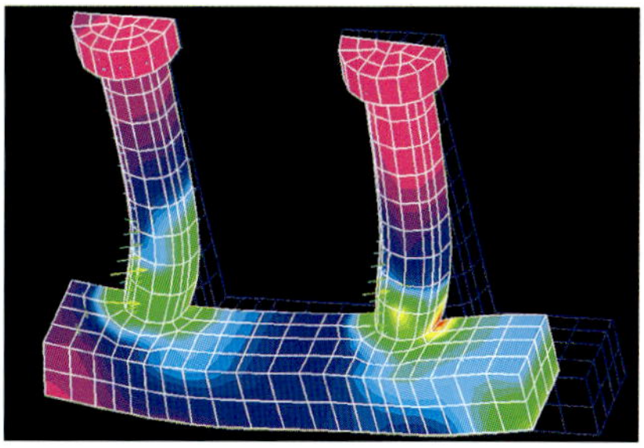
ずれ止め（頭付きスタッド）のコンピュータによるシミュレーション結果　コンクリートの部分は見えなくしてあります。この結果をもとに，弱点見つけて改良していきます。

ただ実験そのものは，内部で起こっている局所的な破壊や破壊の進展といった細かいことはわかりません。そこで，近年では，鋼とコンクリートの間の力のやりとりや破壊の進展などをコンピュータを使ってシミュレーションする試みが行われています。上に示す下方の図：ずれ止めのコンピュータによるシミュレーション結果は，その結果の一例で，緑・黄・赤の順に変形が大きくなっていて，ずれ止めとコンクリートとの間での力のやりとりを矢印で表しています。

このようなシミュレーションは，強くて耐久性があってつくるのが簡単な，より性能のよい新しいずれ止めの開発には欠かすことのできない技術です。シミュレーションによってさまざまなずれ止めが開発され，より長くより強い新しい形式の複合構造の橋が建設されるようになってきました。

6 コンクリート構造物を丈夫で長持ちさせる技術

久田　真・皆川　浩

はじめに

コンクリートは，ここに写っているほとんどすべての構造物に使われています。

社会基盤を構成する材料の代表的なものにコンクリートがあります。一般的に，コンクリートは，水，セメント，砂，砂利を適切な組合わせ（配合）で混ぜてつくりますが，材料の種類や組合わせの仕方などにより，実にさまざまな状態を示します。ここでは，コンクリートがどんな場面で使われるのか？大学で勉強するなんて，いったいどんな問題があるのか？ どうすれば丈夫で長持ちなコンクリート構造物にすることができるのか，について説明します。

古代から使われていたコンクリート

現代の私たちが普通に使っているセメントは，19 世紀に英国で発明され

水道橋（イタリア，ローマ近郊）

コロッセオ（イタリア，ローマ市）

たものが起源です。しかし，コンクリートという材料の歴史は古く，イタリアのナポリ近郊にある世界遺産としても有名なポンペイの遺跡や，ローマにあるフォロロマーノ，カラカラ浴場など，古代ローマ時代の建物はほとんどすべてにコンクリートが使われていたというのは，まったく驚きです。

ポンペイ遺跡（イタリア，ナポリ近郊）

さまざまな場面で使われるコンクリート

コンクリートは，どんな場所で使われているのか？　現代の私たちが使っているコンクリートは，地上や地下はもちろん，海底や宇宙でもつくることができるのです。

水の中でもコンクリートはつくれます（水中不分離性コンクリート）（熊谷組ホームページより）。

コンクリートの「弱点」

海水の塩分によって錆びてしまったコンクリート内部の鉄筋のようす

ところが，一見，誰にでもつくれそうで，どこにでもありそうなコンクリートにも，じつは大きな「弱点」があります。それは，コンクリートというのは，ちゃんとつくらないと，丈夫で長持ちさせることができないということです。この問題を，大学では「コンクリートの耐久性問題」として研究しているのです。何でもないように見えるコンクリートも，立派な研究素材なのです。

「弱点」を克服するために

ちゃんとつくれば，コンクリートは丈夫で長持ち，しかも美しい……

コンクリートをちゃんとつくらないと，構造物は安心して使うことができません。では，どうすれば，このような弱点を克服し，コンクリート構造物を丈夫で長持ちさせられるか？ コンクリート構造物は，つくってしまえばそれだけで「丈夫で長持ち」してくれるものではありません。コンクリートの耐久性を確保するためには，どのようなことに注意すればよいのか，以下にまとめます。

- 使用期間中に劣化が生じないように適切な設計を行うこと。
- 良質な材料を用いてコンクリートを製造すること。
- 綿密な計画を立てて入念な施工を行うこと。
- 完成後は，定期的にコンクリートの状態を把握し，必要に応じて補修，補強を行うこと。

大学で何を研究するか？

耐久性に優れたコンクリート構造物をつくり，安心して長い間使用するためには，コンクリートに使用する材料，コンクリートの品質，構造物の設計，施工，建設後の維持管理など，いろいろな段階での研究が必要不可欠です。ここでは，東北大学の建設材料学研究室で行っている研究を紹介します。

1. 丈夫なコンクリートをつくるための研究

コンクリートをより丈夫なものとするために，新しい材料の開発やその評価を行っています。とくに最近では，環境にやさしいコンクリート材料の開発も行っています。

酸性雨によるものと思われる建物ひさし部の「つらら」

2. コンクリートがどのように劣化してゆくかを知るための研究

コンクリートは，何が原因で，どのように劣化してゆくのか，についての研究をしています。最近では，酸性雨などの厳しい環境に置かれたコンクリートの劣化メカニズムに関する研究を行っています。

電気を用いたコンクリートの補修技術（脱塩工法）

3. 痛んだコンクリートを治すための研究

丈夫なコンクリートが大事ですが，痛んでしまったコンクリートをいかに救ってあげるか，コンクリート構造物の補修や補強に関する研究を行っています。最近では，電気の力をうまく利用して，コンクリートを治す技術についての研究を進めています。

7 料理人の真価が問われる新しい設計規準

秋山充良

はじめに

道路，鉄道，橋梁，港湾……これら社会基盤構造物の設計に際しては，設計者は，示方書や設計規準書などと呼ばれるある一定のルールに従い，構造物の形状や寸法を決めていきますが，今，このルールが大きく変わろうとしています。専門的な用語で表現すると，仕様規定型から性能規定型への設計ルールの移行です。土木工学を学び，技術者としてあなたたちが社会で活躍するころには，性能規定型の示方書や設計規準書が整備され，それに従い社会基盤構造物をつくる時代になると期待されています。何がどのように変わろうとしているのか？　実際の構造設計を体験したことのない読者にこれを説明することはたいへんに難しいので，やや厳密さを欠くかもしれませんが，ここでは，カレーライスの作成レシピを例に解説を試みたいと思います。

仕様規定とは？

下の図をみて下さい。話の流れは次のようです。カレーライスの専門店

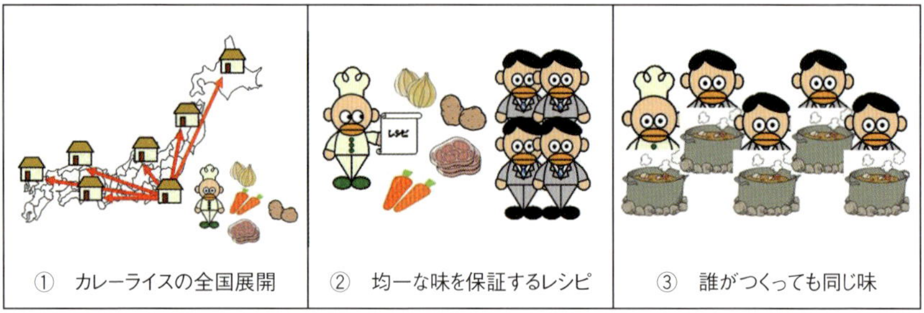
レシピ
①　カレーライスの全国展開
②　均一な味を保証するレシピ
③　誰がつくっても同じ味

仕様規定型のイメージ（詳細なレシピの規定）

を全国展開しようとしている会社があります。しかし，この会社には，腕の良い料理人が少なく，店舗ごとに味の差が出てしまう恐れがありました。将来的には，人件費を抑制できるアルバイトを雇い，アルバイトがつくっても，今いる腕の良い料理人がつくるものと同じ味を提供したいとも考えています。そこで，この会社では，次のように対応しました。つまり，腕の良い料理人が，料理人の腕に関係なく，同じ味のカレーライスを料理可能な詳細なレシピをつくったのです。肉や野菜に関しては，生産地を限定し，その切り方や炒め方まで詳細に規定する。カレーのルーは，りんごと蜂蜜を使ったH社のもののみを使用する。水についても，V社のミネラルウォータのみを使用する，等々です。これでめでたく，料理人の技量に関係なく，同じ味のカレーライスを提供することに成功しました。しかも，大量に同じものをつくるので，早く･安く客に提供することができる。実は，これが仕様規定型設計のイメージです。設計者からみると，出来上がる料理(社会基盤構造物)の味は気にせず，規定されたレシピ(仕様)に従い料理(設計)するイメージです。

戦後の高度成長期には，膨大な数の社会基盤構造物を急ぎ設計･施工する必要がありました。このときの技術者のレベルが現在よりも低いことはけっしてないのですが，とてつもない数の構造物の設計を急ぎ行わなければならない社会的な要請から，仕様規定型の設計規準書が用意されました。決められたとおりの構造計算を行い，決められたとおりの建設材料を使用していれば，とくに構造設計のプロフェッショナルでなくとも，社会基盤構造物の設計が可能だったのです。

性能規定とは？

次に，70頁の図をみて下さい。これは，前記のカレーライスのお店でアルバイトをしていたA君の悲しみを描いています。A君は，料理の腕に自信があり，もっと美味しいカレーライスをグルメな客を相手に提供したいと考えていました。しかし，このお店では，上質な牛肉を使うことや，カ

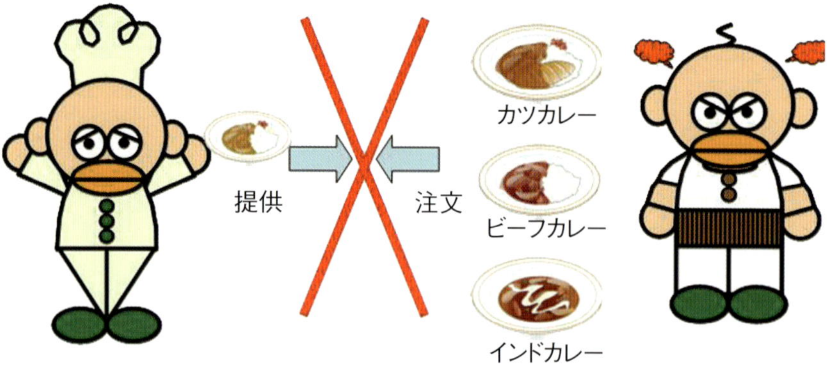

仕様規定型では多様な客の要求に応えられません……。

レーの種類として，ビーフカレーやインドカレーなどをつくることは一切禁じられています。これが仕様規定型の問題点の一つです。折角，もっと美味しいカレーライスをつくることができる料理人が現れても，一切の自由を認めないレシピの前では，その腕を発揮する場は与えられない。大量に均一の味を提供するためのルールは，グルメな客を相手にする際には邪魔となります。

社会基盤構造物の設計に関しても，同様なことがいえるのです。例えば，建設材料の技術革新があり，超高強度・超高耐久な材料が開発されたとしても，それを即座に設計に活かすことは難しい。また，社会からの多様な要求，例えば，「環境との調和：構造物が建設される地点周辺の社会環境や自然環境に及ぼす影響を軽減あるいは調和させる，周辺環境にふさわしい景観性を有するようにする」や，「ライフサイクルコスト最小化：これまでの初期コスト最小化に価値を置くのではなく，構造物がその寿命を終えるまでに必要な費用（初期コスト＋点検管理や補修等の維持管理費用などの総和）を最小化する」などの考えを仕様規定型の設計規準書の中で実現することは難しい。一品一品，その場の地域や環境に即した構造設計が求められる時代にそぐわないのです。そこで，性能規定型への移行が検討されています。ここでは，客の要求に応じたカレーライスをつくることが最重要となります。設計者からみると，客の求める性能（カレーの味，値段，量……）を満足するように料理（設計）するイメージです。欧風カレー，シーフードカ

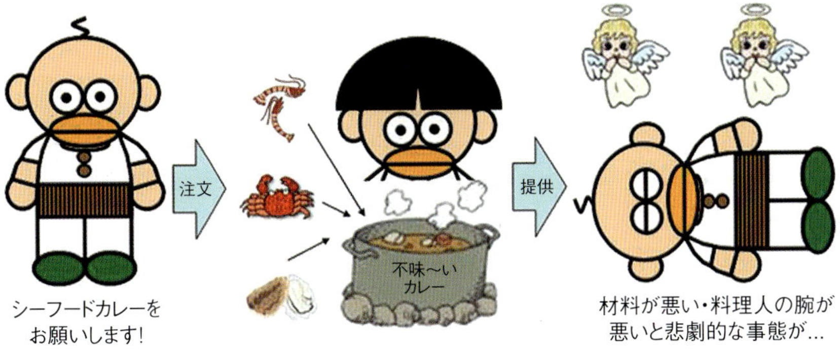
注文
不味〜い
カレー
提供
シーフードカレーを
お願いします!
材料が悪い・料理人の腕が
悪いと悲劇的な事態が…

性能規定型にも問題点はいくつもあります。

レー，どんな要求であっても対応する。材料も，グルメな客に対しては，その舌をもうならせる上質な国産牛を用意する。逆に，とにかく安価なカレーライスを要求する客には外国産の最安値の牛肉を使用するのです。要求する味を実現することのみに価値を置き料理人は腕を揮う……これが性能設計です。仕様規定型と異なり，料理人の腕や目利きが何よりも重要となります。性能規定型設計の中では，設計者の力量が問われるのです。少し難解な表現かもしれませんが，その定義を記すと，「設計された構造物が要求性能さえ満足していれば，どのような構造形式や構造材料，設計手法，工法を用いてもよいとする設計方法。より具体的には，構造物の目的とそれに適合する機能を明示し，機能を備えるために必要とされる性能を規定し，規定された性能を構造物の供用期間中確保することにより機能を満足させる設計方法（土木学会：包括設計コード（案）　性能設計概念に基づいた構造物設計コード作成のための原則・指針と用語（第1版），2003年）」となります。

しかし，仕様規定型でつくられている設計規準を性能規定型の設計規準へ移行することはそれほど簡単ではありません。上の図をみて下さい。例えば，68頁の図のようなスタイルのカレーライスのお店では，十分に使用実績のある材料しか使用されず，例えば，牛肉の品質を疑う必要はありませ

ん。さらには，誰がつくっても同じ味になる安心感もあります。一方，性能規定型のもとでは，味に関して，トラブルが生まれる可能性は否定できません。原因は，質の悪い材料を使用した，まったくの素人が料理した，等々です。

社会基盤構造物は，都市の根幹を成すものですから，その損傷･破壊は社会に多大な影響を与えます。道路や鉄道などは，都市内，あるいは都市間のネットワークを構成しており，システムの冗長性によっては，一部の破損がシステム全体の停滞につながります。そのため，性能規定型のもとでも最低限のルールは必要となります。使用する建設材料の品質規定，設計者の資格制度，設計結果に対する審査･認証システム，さらには不測の事態に備えた保険制度，等々の整備が必要なのであり，学協会において，それらの検討がはじめられたところです。社会基盤構造物に求められる安全･安心を確保するため，設計者の自由度を制限しつつ，性能規定型設計の主旨から，可能な限り設計者に自由度を与えるような配慮が求められているのです。

終わりに

耐震工学の分野では，兵庫県南部地震や，東海･東南海地震などの近い将来に発生が予想される巨大地震に対して，単に社会基盤構造物の倒壊を防ぐだけではなく，地震後にも即座に使用可能な程度に損傷をとどめることが期待されるようになりました。これは，例えば橋梁であれば，地震後における避難路や救助･救急･医療･消火活動および被災地への緊急物資の輸送路として非常に重要な役割を担うことが認識されたからです。これを受け，従来にない超高性能な耐震構造の開発が進められており，数千年に一度の地震荷重を受けたとしても，地震後にひび割れを一本も生じさせない構造などが検討されています。また，建設材料学の分野では，数百年～数万年オーダーの超長期耐久性を確保することが求められてきました。例えば，放射性廃棄物処分場に用いられるコンクリートは，1万年以上にわたり健全さを保つことが必要です。

社会基盤構造物への要求は多様化し，従来の建設材料や構造形式では対応できない状況が増えつつあり，その地震時の損傷や破壊リスクを大きく低減し，超長期にわたる使用が期待できる新材料や新構造形式の開発研究が盛んに行われています。これらの研究成果を迅速に設計に反映し，多様な要求に応えた構造物を社会に提供するため，性能規定型設計への移行を急ぐ必要があるのです。

謝辞

本稿で用いた図面は，東日本高速道路の白濱永才氏に作成頂きました。ここに記して，謝意を表します。

8 バイオマスリサイクル ——廃棄物を資源に変換する

李　玉友

バイオマス(Biomass)とは

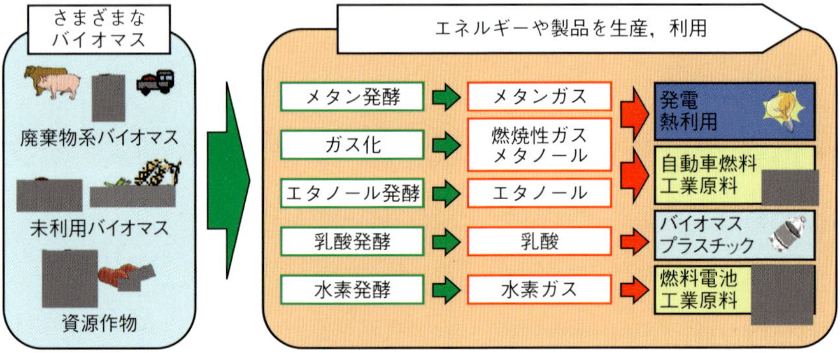

さまざまなバイオマスおよびその利活用方法

バイオマスとは，本来，生物(bio)の量(mass)を表す概念ですが，現在では「再生可能な，生物由来の有機性資源で化石資源を除いたもの」という意味で用いられています。

バイオマスは，地球に降り注ぐ太陽のエネルギーを使って，水と二酸化炭素(CO_2)から生物が光合成によって生成した有機物であり，私たちのライフサイクルの中で持続的に再生可能な資源です。バイオマスはその発生源に基づき，廃棄物系バイオマス(食品廃棄物，下水汚泥，家畜排泄物など)，未利用バイオマス(稲わら，間伐材など)，資源作物(とうもろこし，芋類など)に分類することができます。

バイオマス利活用の背景と技術

バイオマスを有効利用すること等により放出されるCO_2はもともと生物

の成長過程で光合成により大気から吸収したCO_2であることから，人間のライフサイクルの中では大気中のCO_2を増加させないという「カーボンニュートラル」と呼ばれる特性を有しています。このため，化石資源由来のエネルギーや製品をバイオマスで代替することにより，地球温暖化を引き起こす温室効果ガスの一つであるCO_2の排出削減に大きく貢献できます。近年，バイオマス利活用は，環境と資源の問題を解決する重要な手段として世界的に注目を集めており，EU，アメリカをはじめ多くの国々においてバイオマスの具体的利用目標を定め，バイオマスの資源利用が進められています。国内では2006年3月に2030年における「バイオマス・ニッポン」の姿を見据えた新しい「バイオマス・ニッポン総合戦略」が閣議決定され，具体的行動計画が策定されています。現在，74頁の図にまとめられた利用方法が注目され，技術開発が進められています。

メタン発酵による廃棄物系バイオマスのリサイクル

バイオマスのリサイクル処理技術として高効率メタン発酵技術が注目されています。メタン発酵技術を用いますと，食品廃棄物，家畜排泄物，下水汚泥など廃棄物系バイオマスからバイオガス（メタン60～65％，二酸化炭素35～40％程度）と有機肥料を生産することができます。得られたバイオガスを用いてコジェネレーション発電を行うことができ，また有機肥料を農地還元することができます。このような技術は循環型社会の構築には必要不可欠なものです。

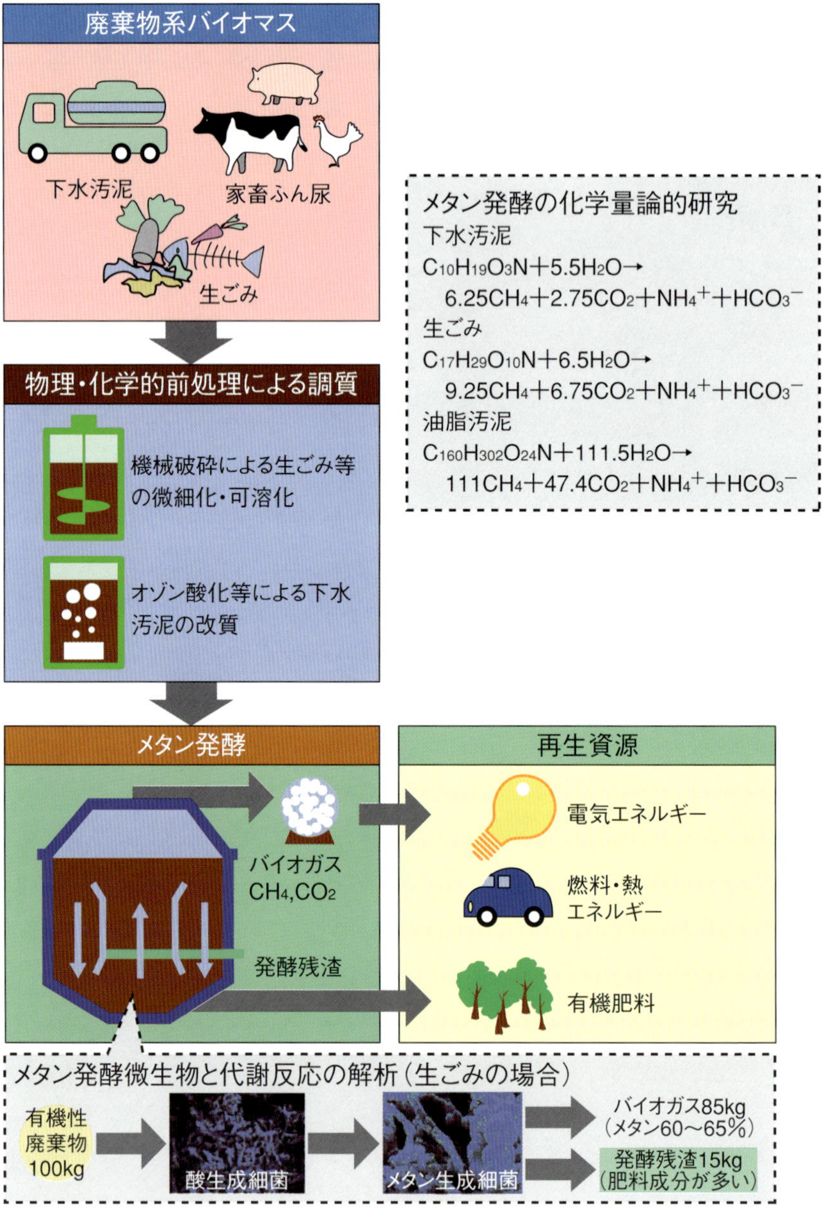
廃棄物系バイオマス
下水汚泥
家畜ふん尿
生ごみ
物理・化学的前処理による調質
機械破砕による生ごみ等の微細化・可溶化
オゾン酸化等による下水汚泥の改質
メタン発酵の化学量論的研究
下水汚泥
$C_{10}H_{19}O_3N + 5.5H_2O \rightarrow 6.25CH_4 + 2.75CO_2 + NH_4^+ + HCO_3^-$
生ごみ
$C_{17}H_{29}O_{10}N + 6.5H_2O \rightarrow 9.25CH_4 + 6.75CO_2 + NH_4^+ + HCO_3^-$
油脂汚泥
$C_{160}H_{302}O_{24}N + 111.5H_2O \rightarrow 111CH_4 + 47.4CO_2 + NH_4^+ + HCO_3^-$
メタン発酵
バイオガス
CH_4, CO_2
発酵残渣
再生資源
電気エネルギー
燃料・熱
エネルギー
有機肥料
メタン発酵微生物と代謝反応の解析（生ごみの場合）
有機性
廃棄物
100kg
酸生成細菌
メタン生成細菌
バイオガス85kg
（メタン60～65%）
発酵残渣15kg
（肥料成分が多い）

メタン発酵による廃棄物系バイオマスからのエネルギー生成

バイオ水素エネルギー

水素は燃焼すると水しか発生せず，化石燃料の場合のように地球温暖化の原因とされる二酸化炭素の排出がないので，地球環境の保全の観点からも理想的な燃料です。下図に示すようなプロセスを用いることで，その水素を微生物の力でバイオマスから製造できます。

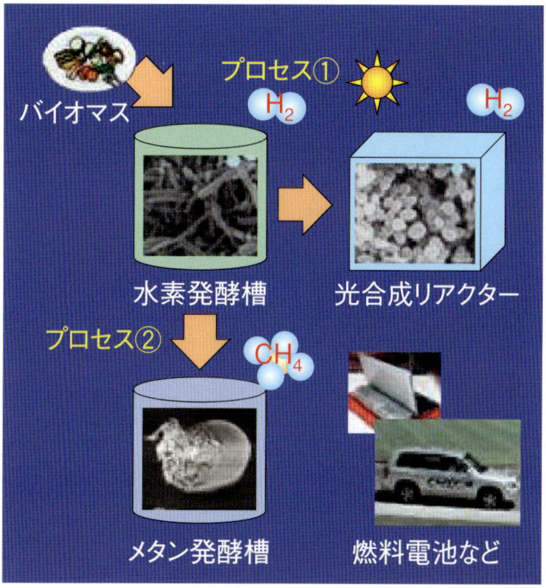

バイオマスからの水素生成方法

9 自然との共生 ——干潟生態系の創出

● 西村　修

いま干潟は

仙台市七北田川河口干潟　環境省の調べ[1]によれば，日本全国の干潟は 1945 年に 82 千 ha あったものが 1992 年には 51 千 ha に減少しました。

戦後わが国は世界に例をみない速度で経済成長をとげ，豊かな社会を実現しました。その一方で，湿地や干潟は埋め立てられ，河川や海岸はコンクリートで固められ，かつてそこにみられた野生動植物の多くは絶滅の危機に追い込まれています。

とくにわが国の海域環境の破壊は著しく，沿岸域は重点的に開発が進められ，干潟の多くを失ってしまいました。

干潟の機能と価値

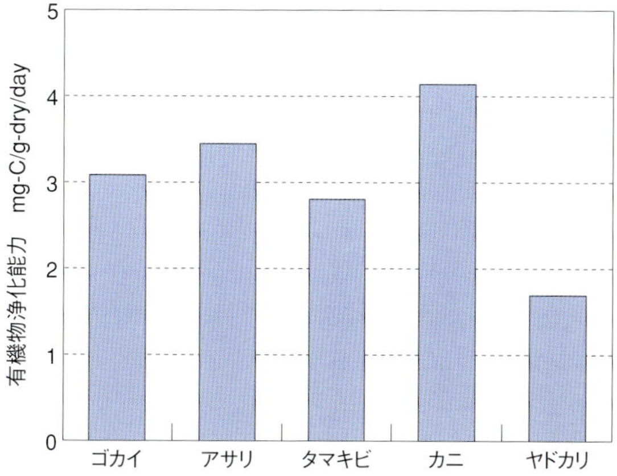

ゴカイ

アサリ

タマキビ

カニ

ヤドカリ

干潟にすむ底生動物の浄化能力　干潟にすむゴカイやアサリは有機物を食べて無機化し，水質を浄化します。アサリは1時間に1Lの水をろ過し，水の中に懸濁する有機物（植物プランクトン，生物の死骸・破片等）を除去します。

消滅の著しい干潟ですが，じつは熱帯多雨林に匹敵する生産力をもち，生物多様性が非常に高く，人間にとっても生物にとってもとても重要な

生態系です。潮干狩やバードウオッチングなど水辺と親しむ場，アサリ，ハゼ類などの水産資源を育成する場，絶滅危惧種のカブトガニの繁殖地，長距離の渡りを行うシギ・チドリ類の中継地，陸域から排出される水質汚濁原因物質（有機物，栄養塩等）の浄化の場など，干潟はさまざまな機能をもっています。

ところがこのような生態系の機能はまだ十分に評価できません。有明海ではノリの不作，底生生物の激減が社会問題になり，諫早湾の干拓事業による干潟の浄化機能の喪失が原因の一つではないかと考えられていますが，多くの調査研究にもかかわらずいまだ原因はよくわかっていません。開発による環境への影響を評価する技術（環境の現象を把握するモニタリング技術，機構を解明し，影響を評価するモデリング技術，水質や生物を保全する対策技術など）は発展途上であり，これからの土木工学のとても重要なテーマです。

また干潟の開発は埋め立て後の土地利用による経済的メリットのため行われてきたのですが，干潟の機能を失うことの経済的な損失は考えていませんでした。しかし今まで計ることのできなかった生態系の経済的価値を算出する手法が開発されつつあります。地球の生態系の価値は33兆ドル（世界中の国民総生産の2倍）という試算[2)]は驚きですが，このような手法の開発にも土木工学者は大きく貢献しています。

干潟をつくる技術

近年，人工干潟の造成が日本各地で進められています。しかし干潟をつくることは容易ではありません。当初成功と思われた人工干潟では，波の効果で徐々に干潟の勾配が砂浜のように急になり，干出する面積も少なくなり，生息する野鳥の数が激減しました[4)]。

一方で，時間をかけてゆるやかな勾配となり，こまかな凹凸が形成されて凹の部分はタイドプール（潮が引いても水の残るくぼみで，干出したとき生物に貴重な場所となる）となり，アサリやゴカイなどの底生動物が棲み，たくさんの野鳥が飛来する自然の干潟と同じような人工干潟もつくられています[5)]。

いまのところ人工干潟の創出は思うようにいかない，つまり技術として未確立といわざるを得ないのですが，人間と自然の共生，持続可能な社会の形成にむけて，人工生態系の創出を可能とすることは土木工学の大事なテーマです。

人工干潟造成前

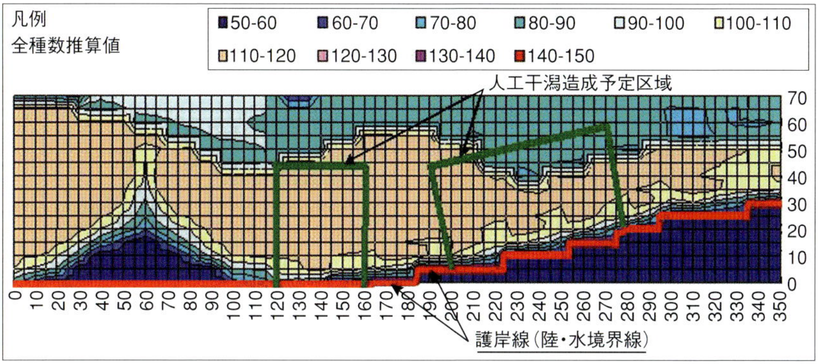

人工干潟造成後

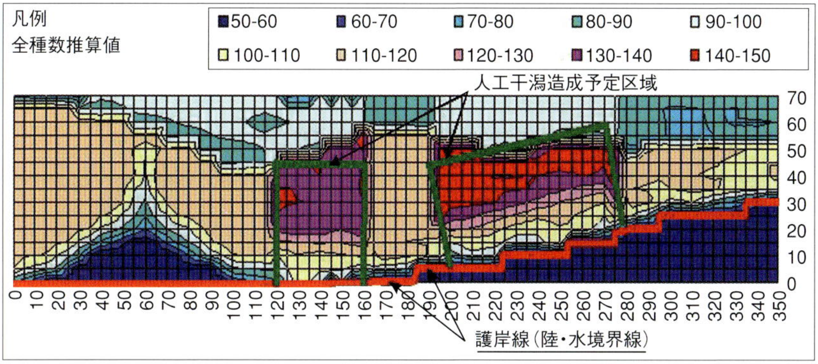

人工干潟の創出による底生動物種類数の増加予測[3]　図中の赤線が護岸線（上は干潟，下は陸）です。緑線で囲んだところに人工干潟を創ると底生動物（アサリやゴカイなど）種類数が大きく増加すると予測されます。予測は，生物と環境の関係をモデル化した，生物生息地適正評価モデルを開発して行われました。

引用文献

1) 環境省編：平成13年版環境白書，ぎょうせい，2001
2) Constanza ら：NATURE，387，pp.253-260，1997
3) 島多義彦，西村 修，野村宗弘，中村由行，木村賢史，市村 康，袋 昭太：海岸工学論文集，52，pp.1166-1170，2005.
4) 日比野政彦：沿岸域，13(1)，pp.59-64，2000
5) 木村賢史，鈴木伸治，西村 修，稲森悠平，須藤隆一：土木学会論文集，No.664/VII-17，pp.55-63，2000

10 エネルギーを必要としない水質浄化技術——湿地浄化法

中野和典

自然界には優れた浄化機能が存在しますが，とくに優れている点はエネルギーを必要としないことではないでしょうか。自然の湿地における浄化原理を模倣した湿地浄化法は，省エネルギーで優れた水質浄化機能が期待できる効果的な水質浄化技術です。この湿地浄化法のために人工的に創出している湿地を人工湿地と呼んでいます。

自然の湿地では主に4つのメカニズムによって水がきれいになることが，これまでの研究で分かってきています。そのメカニズムですが，まず湿地の植物の存在によって水中の汚濁の沈殿が促進され水が清澄になります。湿地の植物には水に溶けている窒素やリンなどの成分を吸収して水をきれいにする作用もあります。さらに，植物の根が空気や栄養分を地下に放出する働きをもつため，植物の根の表面は汚濁を分解する微生物の格好の棲家となります。このため湿地の植物の根圏では，汚濁の分解が促進されています。また，陸と水の境界ともいえる湿地はさまざまな生物の棲家でもあり，その多様な生物に物質が取り込まれます。したがって生物の移動に

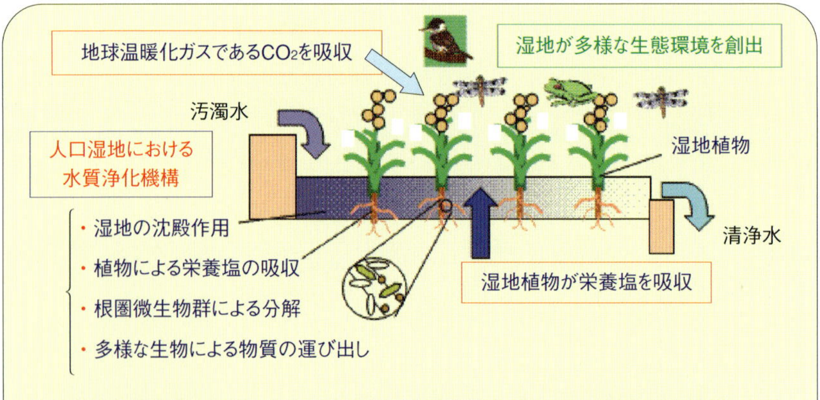
地球温暖化ガスであるCO_2を吸収
湿地が多様な生態環境を創出
汚濁水
人口湿地における
水質浄化機構
湿地植物
清浄水
・湿地の沈殿作用
・植物による栄養塩の吸収
・根圏微生物群による分解
・多様な生物による物質の運び出し
湿地植物が栄養塩を吸収

高度な水浄化環境と水辺の生物の生息環境を提供する人工湿地の概念と理論

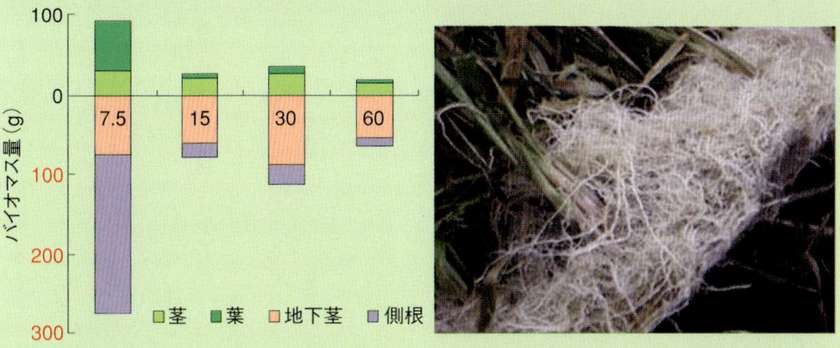

(a) 植栽基盤深さとヨシバイオマスの関係　　(b) 植栽基盤深さ7.5cmで成長したヨシ

植栽基盤深さの制限によるヨシ根の成長促進

植栽基盤の深さを制限することでヨシの地下部のバイオマスが大きく増加，特に側根の成長が著しく，結果として水質浄化効果が高められる。

より物質が湿地の外へ運び去られることになり，物質の蓄積が防止されるのです。

さらに，人工湿地では，汚水の流入を間欠的に行うことにより，湿地の地表面が定期的に大気に晒されるように操作されています。この操作によって人工湿地の地下部には定期的に空気が供給され，根圏で活動する微生物に十分な酸素が供給されるのです。湿地の地表面が常に水面下にあるような自然の湿地の地下部においては，酸素の供給が植物の根からの供給のみに依存しており，根圏微生物の活動が制限されています。汚水の間欠的流入により強化された酸素の地下部への供給によって，根圏微生物による汚濁の分解能力が格段に改善され，人工湿地では自然の湿地の数倍の浄化性能が得られるようになっています。その結果，1 m^2 程度の人工湿地でヒト一人分の生活排水の処理が可能であることがヨーロッパ諸国の事例より明らかとなっています。

自然の湿地の原理を模倣した湿地浄化法では，自然の湿地と同様にエネルギーを必要としません。正確にいえばエネルギー源は太陽光であり，人工湿地に植栽する植物が太陽光を利用できる環境であれば人工的なエネルギーに依存せずに浄化を進めることができるのです。しいて挙げれば汚

水を汲み上げて人工湿地に流すためのエネルギーが必要かもしれませんが，いずれにせよこのような湿地浄化法の省エネルギー性が評価され，ヨーロッパ諸国ではとくに農村地域において湿地浄化法が急速に利用されるようになってきています。しかし，残念ながらわが国では，実用的な規模で利用されている人工湿地がほとんどないのが現状です。大きな面積を必要とする浄化技術であると認識されてきた湿地浄化法が，経済的発展を背景にコストよりも効率性を重視してきたわが国の考え方に合わなかったことが，その理由として挙げられます。

そこで，効率性をさらに高め，必要な面積をさらに小さくしたコンパクト化人工湿地の実現を目指して，私たちは人工湿地に関する基礎研究を現在進めています。その研究成果のひとつとして，根が生長できる空間を制

高度な水質浄化機能を有する湿地　水陸両方の条件が入り混じる湿地は，水辺の生物に多様な環境を提供する生物の宝庫です。湿地は魚の産卵の場であり，稚魚は湿性植物に守られて育ちます。湿地はさまざまな虫たちの棲家であり，それらを餌とする野鳥の楽園でもあります。さらに，人工湿地のお手本となった高度な水質浄化機能の原理が湿地では働いているのです。

限することで湿地の植物であるヨシの根が細く長くなる（高密度化する）ことが分かってきました。根が高密度化することによって根の表面積が増大します。植物の根の表面は汚濁を分解する微生物の棲家として機能していますので，根の高密度化によって表面積が増加すれば，根圏微生物の棲家が増加することになります。このような論理により，根が生長できる空間を制限する操作によって，根圏微生物による汚濁の分解能力がさらに強化される可能性が考えられるのです。人工湿地の浄化能力を高めることができれば，湿地浄化法に必要な面積を減らすことができます。根を高密度化させた人工湿地の根圏において，微生物の活性がどれくらい高まり，水をきれいにする性能を高めることができるのか，そしてヒト一人分の生活排水の処理に必要な人工湿地の面積をどれくらい減らせるのか，これを確かめる研究を現在行っているところです。

人工的なエネルギーに依存せずメンテナンスの特別な技術も必要としないという特徴を有する湿地浄化法は，エネルギー問題のさらなる深刻化が懸念される将来において，ますます重要な水質浄化技術となることでしょう。より省エネルギーな手法が人間活動全般に望まれる時代となっていくに従い，まだ人工湿地が普及していないわが国においても，用地の余裕がある地方都市や郊外から湿地浄化法の導入が進んでいくに違いありません。水と陸が出会う場所である湿地は多様な生物が生息する場所でもあり，汚水の浄化を目的として造成した人工湿地においても多様な生物が棲家に利用していることがヨーロッパ諸国の事例より明らかとなっています。自然の湿地が失われてしまった今，多様な生物と人間との共存のための環境として，そして，生態系の原理と生物工学的工夫を融合した省エネルギーで高度な水質浄化が行える場として，人工湿地の役割が期待されています。

安全を図る

真野　明

世界でも有数の地震，津波，波浪，洪水の常襲地帯である我が国は繰り返し大規模な災害を被ってきました。災害から我々の暮らしを守り，安全な社会を構築することは，優先度の高い社会的課題の一つです。

安全を図る上で，ハザードの性質を知ることが先ず大切です。通常，地震や津波，洪水などのハザードは災害をもたらす地域と離れたところで発生し，伝播の過程で変形し増幅します。地中を伝わる地震波や海域を伝わる津波などの波動現象，合流を繰り返しながら増幅する河川の洪水伝播現象などを，物理法則を数学モデルに置き換えてコンピュータで再現するシミュレーション技術が欠かせません。また，複雑な経路を通るハザードの性質を知るためには，地域に伝播したハザードを直接測定することも重要です。これらにより予測や，早期警戒が可能になり，災害の評価や事前の対策が可能になるのです。

構造物周辺に伝播した地震波は，地盤，構造物との間で複雑な相互作用を引き起こし，安全を脅かします。常時は硬く締まった砂地盤でも，地震波により揺すられると液体のように流動化して支持力を失い上にある構造物を壊します。地盤の性質を調べ，地震の揺れに強いものに変えていく必要があります。構造物の変形や破壊機構を知ること，鉄筋コンクリートなどの材料の耐久性を知ることは，安全な構造物をつくるために欠かせません。また内部に起こる亀裂をいち早く検知する技術が構造物を長く安全に使っていくために必要なのです。これらの数多くの技術や研究が，われわれの社会を支え，安全で安心な暮らしを保障しているのです。

1986年8月5日，台風から変わった熱帯低気圧により宮城県で総降雨量300mmの大雨が降り，河川の増水で吉田川の左岸堤防が破堤。鹿島台町は水没して，甚大な被害をもたらしました。

1 津波災害ポテンシャル評価

◉ 越村俊一

津波とは

過去の事例の統計から，津波の約9割は海域の震源の浅い大地震（震源深さ数10 km以下，マグニチュード6.5以上）により発生するといわれています。津波の発生要因は，海底地震の他に海底火山の噴火，地滑り等の地学的現象が挙げられますが，それらの要因と分けて，海底地震により発生する津波を「地震津波」と呼びます。

地震津波の発生メカニズムは，断層運動により発生した海底の地盤変動の鉛直成分（隆起・沈下）がその上方の海水に影響を及ぼし，いわば生き写し

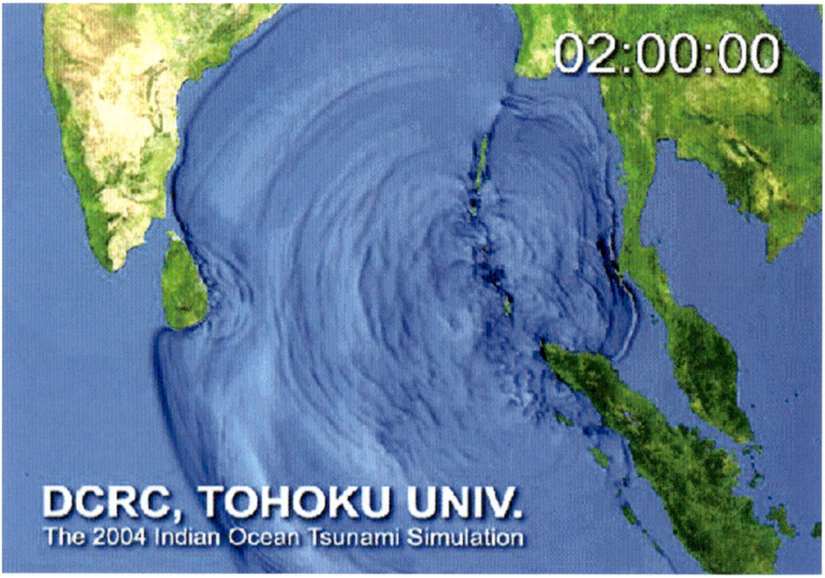

2004年12月にスマトラ島沖で発生した巨大地震（M9）による大津波をコンピュータシミュレーションにより再現したもの（地震発生から2時間後）。スリランカの東海岸に津波が到達している様子がわかります

となって海面に現れ，それが水の波として伝わるものです。海底地盤の変動の広がりは数十 km から数百 km に及ぶ場合があります。したがって，発生直後の津波の広がりも同様の広がりをもつといえます。海洋の水深は深いところでも 10 000 m(10 km)程度ですから，津波の広がりのスケールは水深のスケールよりはるかに長いといえます。この点において，津波は他の水の波とはその性質が大きく異なるのです。

コンピュータシミュレーションによる津波の予測

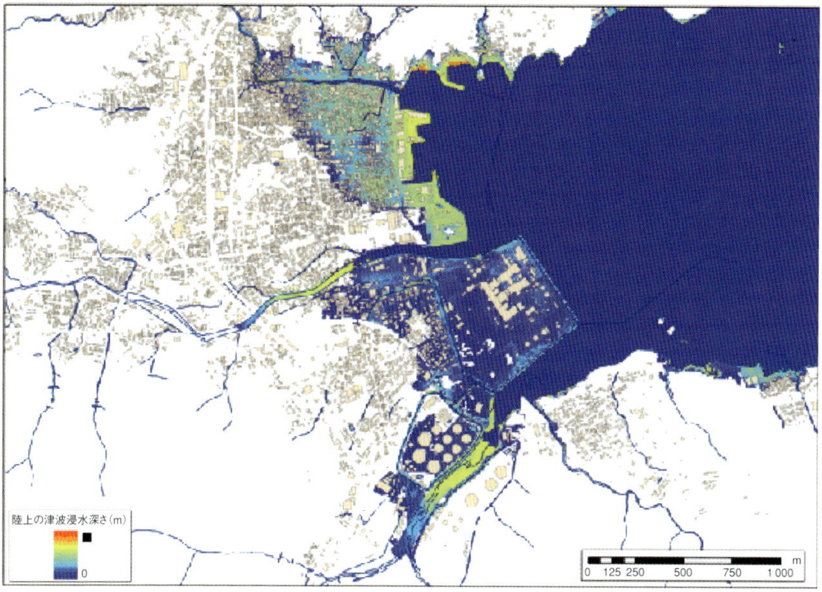

三重県尾鷲市の市街地に想定される津波浸水域をコンピュータシミュレーションで予測したもの(東南海・南海地震発生時)

私たちは，起こり得る津波を予測し，被害の軽減に役立てるための研究を行っています。そのために，コンピュータシミュレーション技術を活用して，津波の市街地への氾濫を詳細に予測できるシミュレーションモデルの開発を行っています。上の図は，三重県太平洋岸の市街地に押し寄せる

津波の高さを予測したものです。

市街地に侵入してくる津波を詳細に調べることにより，起こり得る被害程度の予測や，避難計画やハザードマップなど人的被害を軽減するための方策を検討することが可能になります。

人工衛星による津波被災地の把握

下に示す図の上方の写真は2004年6月23日（津波発生前）に撮影されたインドネシア・スマトラ島バンダ・アチェの市街地です。多くの家が建ち並び，美しい海岸であることがわかります。右側の写真は，津波が襲った後（2004年12月28日）に同じ場所を撮影したものです。10 m もの高さの津波がこの街を襲ったことにより，すべての建物が流され，橋や樹木も破壊されてしまったことがわかります。また，海岸線の形も大きく変わってしまいました。地震による大規模な地盤沈下と津波による海岸侵食がこれほどの大きな地形の変化をもたらしました。

インドネシア・スマトラ島北部バンダアチェの市街地（上：津波前，下：津波後，Digital Globe 提供）

人工衛星は私たちの営みも鮮明にとらえます。91頁の図は，インド洋沿岸諸国の都市の明かりと，コンピュータシミュレーションによって予測したインド洋津波の高さを，GIS（地理情報システム）というソフトウェアを用いて表示したものです。災害は自然の猛威が私たちの営む社会を襲うことで発生します。津波災害後の被災地の場所や被害を短時間で把握するために，人工衛星画像の処理技術の開発は大いに期待されています。

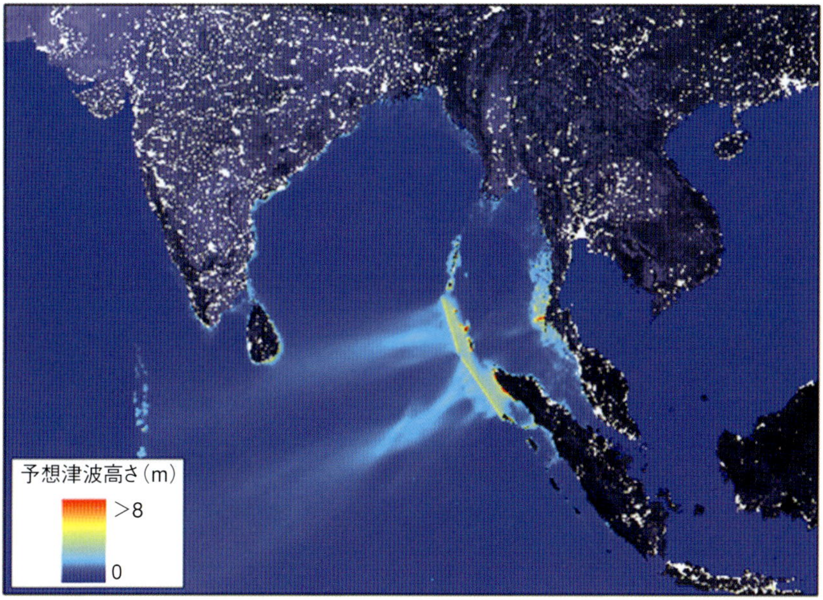

人工衛星（ランドサット）がとらえた都市光の分布と予想津波高さ

津波防災対策の発展に向けて

残念ながら，私たちは津波の発生を防ぐことはできません。しかし，コンピュータシミュレーションを活用した津波の早期予測技術や，実際に被害が生じてしまった後にできるだけ早く被災地を発見し，災害救助･復旧に役立てるための観測技術など，将来起こり得る津波の被害を最小限に抑えるための研究の発展が期待されています。

2 災害情報に基づく地域防災力の向上

◉ 今村文彦

巨大化する自然災害

2004 年インド洋津波によるインドネシア・バンダアチェでの津波被害(今村文彦撮影)

21 世紀に入り，スマトラ沖地震・インド洋大津波，ハリケーン・カトリーナなど，史上最悪規模の沿岸災害が続いています。甚大な被害の原因は，既往最大を上回る外力(要因)だけでなく，じつは，対応力の低下が大きな割合となります。よくいわれることですが，危険性は知らなかった，または，気づいていたが財政的な理由により何もできなかった，という点が共通しています。巨大災害は低頻度で非常に希なので，今の防災水準で我慢すればよく，対応はできない(しなくともよい)という風潮もありました。

近年，自然災害による被害は確実に拡大化しています。最近の地球温暖化による気候変動や地震活動の活発化などがあり，非常に変動が大きいカオス的な振る舞いがみられます。ただし，これは地球システムでの大きな変動の中では，わずかな規模です。しかし，人間活動が大きくなり地球システムにも影響を及ぼしつつある今日，同じ自然現象が起こったとしても，変動による影響・被害が大きくなります。例えば，従来住まなかった場所に多くの宅地が建設され，リゾート地が開発されています。また，都市では，空間的にも時間的にも高度に利用され複雑化しています。ますます，自然災害のポテンシャルが大きくなっているのです。

潜在的な危険性を示していく

人は危険性を認識しなければ行動をとれません。とくに，各地域での具体的な危険性の認知・評価は不可欠です。その中で，最近の地震調査委員会や中央防災会議・専門調査会での活動の意義は大きいです。地震調査委員会は全国の地震発生確率を推定しており，中央防災会議は，地震津波による被害規模の推定と対策の重点をまとめている。先日，公表された日本海溝・千島海溝での地震・津波の被害については，過去400年間の歴史資料だけでなく最近の新しい科学的知見（津波堆積物）を取り入れて，周期性・切迫性などを考慮して対象地震・津波を選定しています。地震動，液状化，地滑り，津波などのそれぞれの対象について具体的な被害評価と伴に，将来重要になるであろう新しい被害像やそれに対する対策の考え方なども提言しています。

その結果，例えば，推定された津波の規模は現在の防災施設の対応レベルを上回っており，新たに対策を強化する必要があることが具体的に示されています。これらの結果は，新聞・テレビなどのマスメディアを通じて大きく取り上げられ紹介されました。リスクを公表していくという点も従来とは違う変化です。

これらの評価には東北大学大学院工学研究科附属災害制御研究センター津波工学研究分野の解析技術が応用されています。断層運動による津波発生から伝幡，さらには遡上に至る過程を，再現。
予測できるシミュレーション技術です。

災害情報の入手と安心についての話し合い

防災や減災を安全・安心さらには自然災害の減

災のために情報はいま不可欠です。とくに，住んでいる地域または職場での危険性を具体的に知ったり，どのような情報があるのかを事前に確認しておくことは大切です。これにより，一旦災害が生じても対応する手段が示されその後の被害を低減できると期待されます。とくに，津波，洪水，火山などで事前情報により迅速な避難が実施されれば人的被害は大幅に軽減できるのです。

現在，各地でハザード･防災マップなどが提供されており，話し合いに必要な情報やデータは入手可能になっています。地図上にさまざまな危険性や逆に安全情報を載せ，さらに，地域住民や担当者が話し合って独自の実用な情報を入れていく。これにより，危険性の中身が理解でき，イメージ出来やすくなります。さらに，自らの課題としての認知度が高まります。

ここで，重要なことが話し合いの「場」です。住民も含めて議論する中で，何が問題なのか，その解決には，どのような対策と役割が必要であるのか？整理することができます。たいへん大切な機会となるこれは行政などからの働きかけや提供では限界があり，地域からの自主的･主体的な主催なしには，広がりが難しい問題です。危険性の提示を受けて，守るべき安全レベルの話し合いと合意，さらには具体的な被害軽減対策の提示がいま大切です。

歴史を変えた大災害

我々は巨大災害の時代を生き抜かなければなりません。防災施設整備などのハード対策，災害情報や避難体制などのソフト対策を駆使して，総合防災対策を精力的に展開することが必要です。それにより減災はかならず期待できます。ただし，我々の歴史をみると，想像をはるかに上回る自然災害が発生することがあります。この大災害が歴史を変えたという事実もあります。

紀元前14世紀，ギリシャ･エーゲ海のサントリーニ島噴火によりクレタ文明が突然として歴史から消えました。噴火によるカルデラ陥没は，周辺の海水を飲み込み，巨大な津波が発生しました。この津波は，クレタ島岸部のみならず周辺地域に大きな影響を与えました。噴火や津波の影響は今でもサントリーニ島の遺跡に残されています。これは，遺跡壁面に残されたフラスコ画であり，噴火活動が活発であったことを示します。ただし，

関東大震災発生時の火災の様子（震災記念書帖，国立科学館所蔵）

この遺跡には，貴重品や遺体がないことが確認されています。大規模の噴火の前に，島民全体が避難できたことを示唆しています。当時の巨大災害に直面したときの対応は，学ぶべき事が多くあると思います。

また，西暦869年（貞観11年），仙台平野を壊滅させた地震津波がありました。日本三代実録には，当時の様子が克明に残されています。地震で城郭・倉庫・民家が倒壊し，その後，津波が来襲。財産や稲などすべて流失，当時で溺死者千名以をだしています。歴史書には断片的な情報しかありませんが，現在，津波堆積学的アプローチにより科学的な証拠を見つけ，数値シミュレーションと連携して，過去の知られざる姿を再現しています。

また，首都圏でも地震による大被害を繰り返しており，1923年9月1日の関東大震災はあまりにも有名です。10万人以上の犠牲者が出ました。地震の揺れの直接被害だけではなく，火災などの2次的被害が多かった災害です。都市計画の重要性も認識された出来事でした。これらにより，地域での住民生活への影響だけでなく，当時の政治体制の崩壊，経済活動の麻痺が生じ，大きな変化が生まれました。現在の想定を上回る災害をどのように評価していくのか？　我々にとって大きな課題です。

3 世界の洪水流出を予測する——地球温暖化に備えて

◉ 真野　明

アジアを中心に広がる洪水被害

史上最悪の被害となった2002年インドネシアジャカルタにおける洪水です。海岸近くの低平地が広範囲に浸水しました。お年寄りを手作りの筏に乗せて避難しています。

洪水，高潮，地震，津波などのハザードによる被災者は，1年間に世界で平均1.7億人に上ります。この中の約90％は洪水災害や土砂災害など大雨が原因の災害が占めています。地域別にみるとアジアが全被災者の98％を占め，対策が遅れている発展途上国でとくに大きくなっています。浸水しやすい低平地や，崩れやすい斜面に住む貧しい人々が被害にあうケースが多いのです。

地球温暖化により増す危険

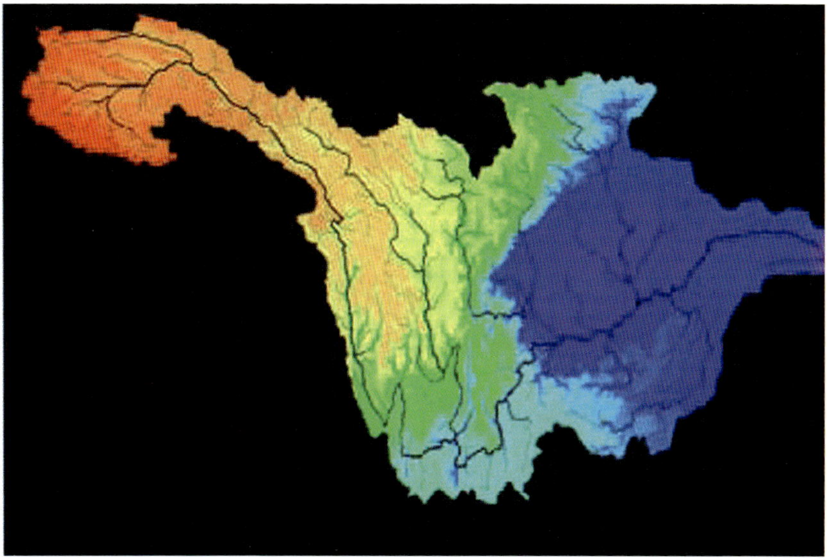

長江上流域の標高分布（m）です。左のオレンジ部分は源流部のチベット高原，青い部分は四川盆地であり，長江は三峡地区を通って右端の宜昌に至ります。東西（左右）約 2 000 km，南北約 1 000 km の広がりをもつ地形を数値モデルに取り込んで流出解析します。

人口の増加と化石燃料を大量に消費する暮らしや経済は，二酸化炭素やメタンなどの温室効果ガスの排出を増やし，大気と海洋を急速に温暖化させています。海水温の上昇は，熱膨張による海面上昇を引き起こし，水面からの蒸発を加速させます。台風やハリケーンは水蒸気をエネルギー源とする熱機関なので，地球温暖化の進行は台風を巨大化させ，降水量や風力を増大させます。海水面の上昇は，海岸沿いの低平地における洪水の通過を遅らせ浸水を長引かせ，被害を拡大します。要因が複合的に重なって，洪水災害の危険度が増えているのです。

発展途上国では，降水や河川流などの観測体制が貧弱で，洪水を予測する技術も未熟です。住民が知らないうちに，洪水に遭い被災する例が多いのです。また，洪水災害を緩和するためのダムや

堤防の計画に当たっても洪水の実態把握が難しく，効率的な減災対策が打ち出せない状況にあります。災害軽減には，洪水現象の深い理解とこれに基づく高い精度での予測が最も重要であり，私たちは世界中のどこにでも容易に適用できる高精度洪水流出解析モデルの開発を進めています。

洪水流出過程とモデル化

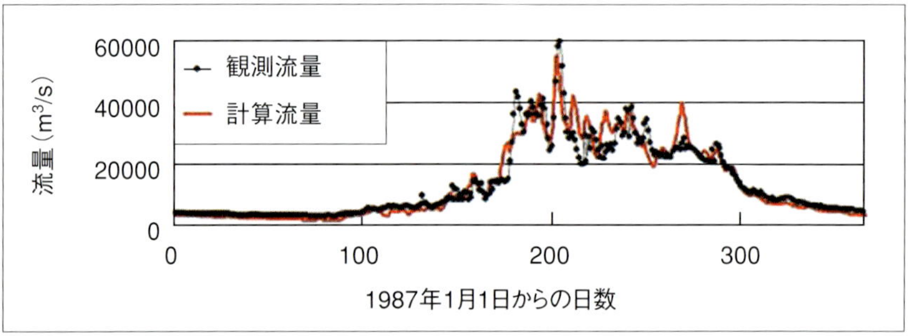

長江宜昌での1987年の洪水波形について，1年分の流出計算を行っています。洪水は150日(5月)ごろより顕著になり，約5ヶ月間続きます。その間，数日程度の継続時間をもつ高い流量ピークが繰り返し現れます。計算波形は，年間の流量の増減ばかりでなく，ピーク波形をも精度良く再現しています。

洪水は，河川の流域に降った大雨の一部が地表を流れ，残りが地中に浸透し再湧出して地表流に加わり，流下とともに合流を繰り返して増大し，伝播する現象です。流域の地形や表層地質の影響を大きく受けます。私たちは，地球全体で整備されている，電子標高地図や土壌分布データベースなどを利用して，流域の地表と地下をモデル化し洪水波形を再現する流出モデルをつくり上げました。これを，中国・長江の上流域(100万km^2)やイラン・カルン川流域(6万km^2)に適用し精度の高いことを実証しました。

全球降水観測計画とのリンク

宇宙開発事業団とNASAは，人工衛星を使って地球全体の降水量分布を測る計画を推進しており，2008年の運用を目指しています。ここで得られる250m間隔の降水量分布は，小さい流域での流出解析を可能にし，また降水の予測にも道を開くものです。この観測計画とリンクした技術開発により，世界中の大小流域での洪水予測を可能とし，我が国発の高度情報処理技術として，災害軽減に貢献したいと考えています。

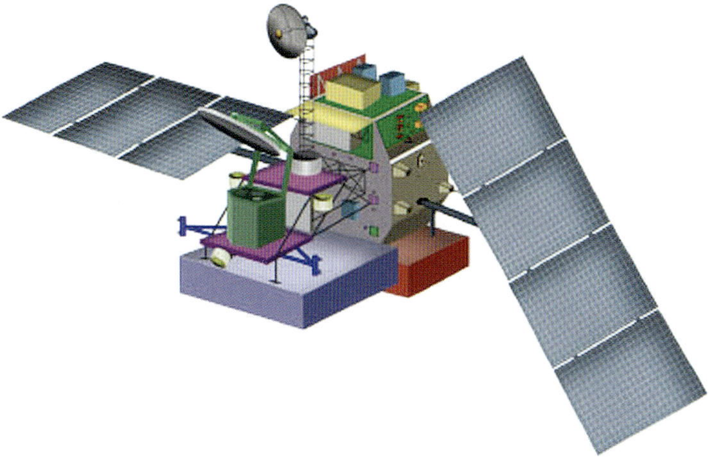

全球降水観測計画の中心となる衛星を利用して（NASA）

参考文献

1）Office for Disaster Reduction Research, MEXT, Government of Japan, Disaster Research Technology List on Implementation Strategy — A Contribution from Japan, 2005

4 失われる国土
——海岸侵食の機構を解明する

◉田中　仁

人の暮らしと海岸

高波浪により侵食された砂浜と流失した防潮林（仙台海岸, 2003 年 3 月）

周りを海に囲まれた日本において，我々の生活は海と密接につながったものとなっています。「白砂青松」という言葉に代表される風景は，我々日本人が共通して有する海岸の原風景といっても良いでしょう。しかし，このような海岸の一部が侵食され，大事な国土が消えていくという事例が日本全国，さらには海外においても顕在化しています。我が国全体では，年平均で 1.6 km^2 の国土が失われています。

海岸侵食の機構

海岸の侵食には，大きく分けて二つの原因が挙げられます。一つは，海

港湾建設前の海岸(国土地理院)

港湾建設後の海岸線

岸に建設された防波堤などの構造物の影響です。構造物の建設に伴い，それまでの自然の状態での砂移動が変化することにより，海岸の侵食が発生します。上の写真はその事例を示しています。港湾建設後の海岸線の写真では最大で200 mほどの海岸線の後退がみられます。

もう一つの原因は，河川から供給される土砂が減少したことによります。川は水とともに，土砂を沿岸域に供給しています。しかし，上流部にダムが建設されたり，流域内での砂防工事が進んで，河川流域から生産される土砂が減少することも，海岸の侵食の原因となります。

予測と対策

以上のような侵食の機構を振り返ってみると，我々人間の活動が大きくそれにかかわっていることがわかります。ただし，その原因を取り除けば良いというような単純な問題ではないことも明らかです。今後，地球温暖化による海面上昇は，世界の海岸侵食を加速化させるといわれています。将来予測を行うための精度の高いシミュレーション技術と，あらたな侵食対策工法の開発が強く望まれています。

防災・環境・利用の調和

近年，沿岸域を取り巻く社会的状況は大きく変化し，侵食対策などの防

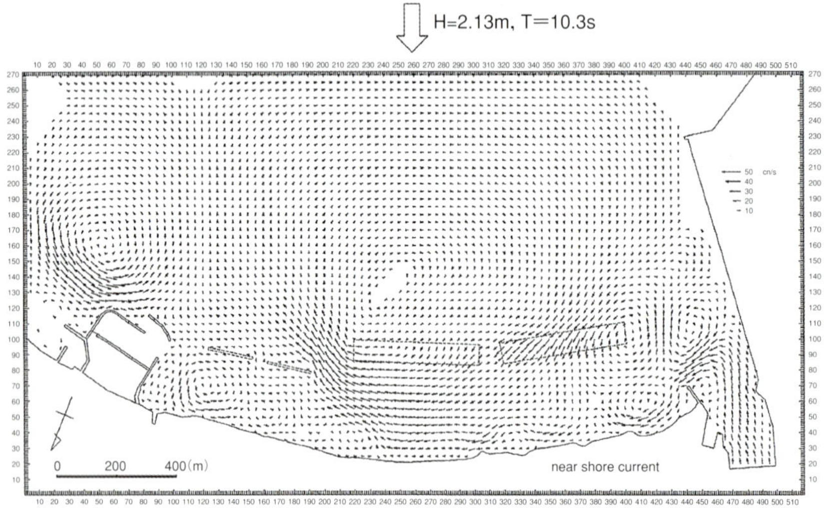

人工リーフ周辺の流れに関するシミュレーション結果。構造物上で波が砕けることにより岸向きの流れが生じ，構造物周辺で時計回りの循環流がみられます

災機能に加え，良好な海岸環境および生態系の保全に対する要望が増大し，生態系と共生できる自然共生型の施設整備が望まれています。今後海岸等で設置する施設については，施設の設置が生物環境にどの程度影響するのかについても正確な予測が必要です。人工リーフは海岸侵食対策のための代表的な構造物の一つです。数値シミュレーションと現地調査を組み合わせることにより，人工リーフおよびその周辺における流れなどの物理環境と海藻の分布との関係を明らかにしました。

人工リーフに繁茂する海藻の現地調査

5 自然災害に対する人々の反応を解明する

◉ 奥村　誠

人と自然の相互作用である災害

自然災害の危険性を取り除くことは人類の変わらぬ夢です。今から105年前の新年，報知新聞は「20世紀の豫言」と題して百年後の科学技術の予測を掲載しましたが，その中に「気象上の観測術進歩して天災来たらんとすることは1ヶ月以前に予測するを得べく，天災中の最も恐るべき暴風起らんとすれば，大砲を空中に放ちて雨となすを得べし」と書かれていました(1901年1月2日)。確かに人工衛星による観測技術やシミュレーション技術の進展によって，台風の襲来は数日前から予測できるようになりましたが，自然のエネルギーは莫大であり，地震，津波，台風，火山の噴火などの現象の進行を人間が止めることは不可能といえます。今後とも我々にできることは,「自然災害は起こるもの」と考えて適切な準備を行い素早い対応行動をとることです。

自然災害と「上手につきあう」ときに重要な視点は，「自然災害は自然と人間のかかわりによって起こる」ということです。例えば集中豪雨によって山の中の斜面が崩壊したとしても，人や家屋，道路などに被害がなければ，これは「自然災害」とは呼びません。しかし，火山や地震の多発地帯に位置し，傾斜の激しい森林地域とそこから短時間に流下してくる河川の氾濫原を抱える我が国においては，災害の危険性がある所に「住まない，使わない，物をつくらない」ようにすると，使える場所がなくなってしまいます。これからは最新の観測技術を生かして素早い避難ができるようにする一方で，人口減少に合わせて危険な土地の利用を整理していくことが必要です。そのためには，自然と並んで災害のあり方を左右する人々の行動について，研究を深めなくてはなりません。

観察が難しい災害時の行動

土木工学の中でも，人々に便利に使ってもらえるような社会基盤はどんなものか，それはどの程度のメリットをもたらし整備のための費用に見合うものか否かを，きちんとチェックすることの必要性が高まってきました。そこで，ここ40年ほどの間に，人々の考え方や行動の研究に基づいて「何をつくるべきなのか」を科学的に分析する分野が「土木計画学」として急速に発展してきました。

ところが，自然災害に直面したときの人々の行動を観察したり調査したりすることは容易ではありません。自然災害がいつ，どのような範囲で起こるのかがわからないために，前もって観測機器を設置しておくことは困難です。いったん災害が発生してしまうと，緊急で対応すべきことが多い中で，避難や被災の状況を冷静にカウントする余裕もありません。事後的に聞き取り調査を行う場合でも，被害を忘れて心の傷を癒そうとしている被災者を相手に調査することは容易ではありません。

さらにダムや堤防などの災害対策が進み，自然災害の発生頻度が少なくなり，自ら災害を体験したことのある人々が減っています。このような状況で将来の災害に関するアンケートを行うと，質問がどの程度恐怖感を与える表現になっているかによって調査結果が大きく異なってしまいます。つまり，人々の行動や考え方の調査はたいへん難しくなっているのです。

日常に投影される災害への考え方

人々の災害への考え方は，日常の行動の中に投影されています。例えば洪水により浸水すると生産活動ができなくなり，深刻な打撃を受けると考えている経営者は，洪水の危険性がある土地に工場を建てようとしないはずです。さらに似た条件をもつ土地の中で，洪水の危険性がある土地の価格は安くなっているはずです。そこで土地利用や地価を注意深く観察して，洪水の危険性との関連を調べることによっ

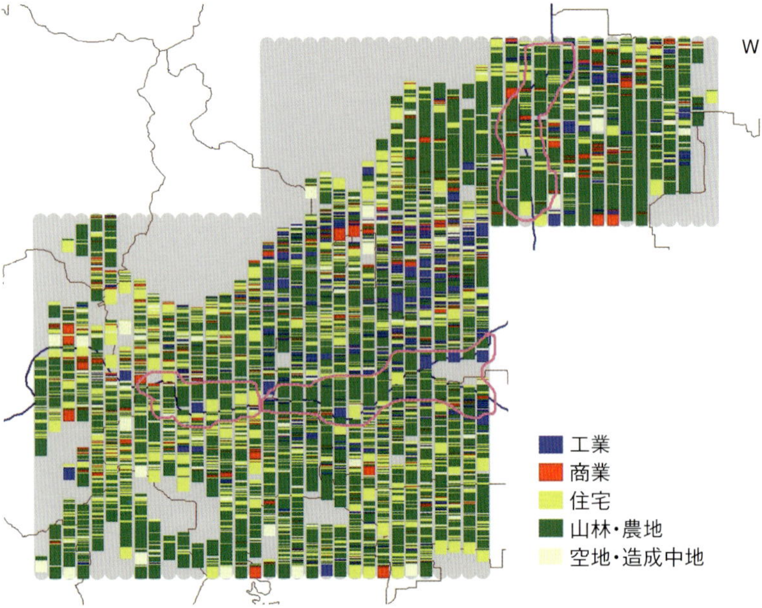

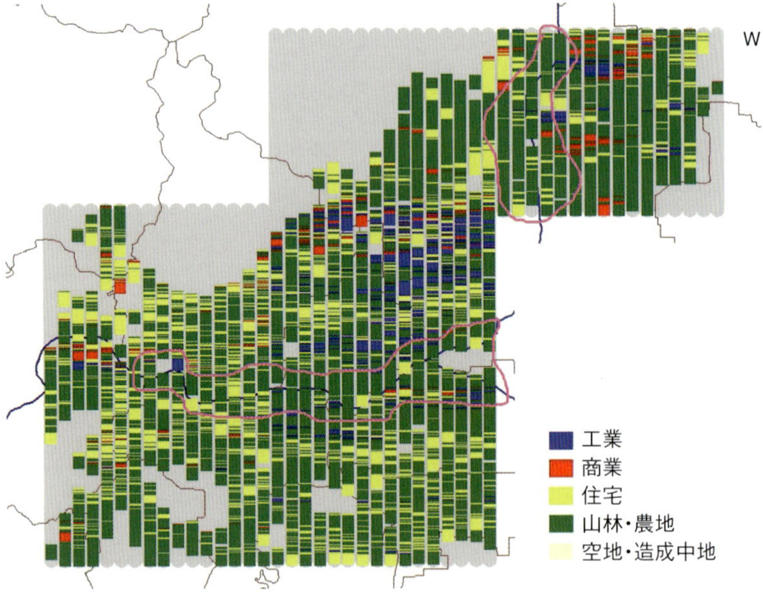

大和川流域の現況の土地利用（上図）と，洪水の危険性を加味したモデルによる再現（下図）　大和川や支川の佐保川に平行する地域（上図のピンクで囲んだ２つの部分）は鉄道や主要道路に近く交通条件が良い割には住宅や商業の立地が少ない。本モデルでは，洪水の危険性のある地域では地価が割り引かれて評価されているために，こうした地域の多くが農地として残り（下図のピンクで囲んだ２つの部分），その割引率は地価の４～６割であることを示した。これを用いて，治水事業により水害の危険性をなくすことの効果を評価できる。

て，人々が洪水の危険性をどの程度認識しているのかを分析できると考えました。

先行研究として，水害の影響を加味した地価モデルの作成が試みられていますが，他の立地条件がほぼ同じで洪水の危険度のみが異なる多くの地点の地価データを集めることが難しいという問題がありました。私たちは，ある用途の土地利用が実現しているということは，その用途の地価が別の用途の地価よりも高かった結果であると考え，公示地価データとともに，さらに多くの地点で入手できる土地利用データを同時に用いて土地利用・地価モデルを精度よく推定する方法を開発しました。実際に奈良県の大和川流域において，洪水の履歴が地価の低下に影響していることを統計的に確認し，治水事業の経済的評価を可能にしました。

望まれる学際的な研究

人々の自然災害に対する考え方は，思想や宗教の影響を受けています。逆に，ある国や地域の思想や宗教，そして社会のあり方は，過去の自然災害に強く規定されています。最近では，平城京が放棄されて奈良時代が終わった理由は，大和川流域の山地の荒廃を原因とする水害の多発と舟運経路の埋没であり，大仏建立に伴う水銀汚染がこの荒廃を加速したという説も唱えられています。

このように，自然災害のあり方は我々の社会に密接に関連していることから，力学や地学といった自然科学だけでなく，経済学，歴史学，言語学，宗教学などという文科系の学問分野との共同により，より深い理解が得られると考えられます。私たちは幸い，東北大学東北アジア研究センターにも籍を置いており，こうした文科系の研究者との連携を進めやすい環境にあります。そこで，自然災害と人間社会の双方向のかかわりを共同研究のテーマとして取り上げ，学際的な研究の展開を目指しています。

6 アジアに安全な水利用ができる社会を実現するために

● 大村達夫

国連の統計によると，世界人口の６人に１人は安全な水供給を受けることができず，病原微生物に汚染された水を利用することで発生する下痢症により，毎年220万人もの尊い命が失われています。下痢症による死者はほとんどが5歳未満の乳幼児です。アジア・モンスーン地域に位置するラオス，カンボジアでは，5歳未満児の死亡率が10％を超え，きわめて深刻な状況にあります。

アジア・モンスーン地域のメコン流域を対象に，現地の政府機関や大学等と共同し，下痢症に代表される水系感染症のリスクを低減するために，地

メコン流域における水系感染症の主なリスク要因

域の水資源・水環境の特性を考慮したリスクマネジメントシステムを構築することを目標として研究しています。これまでの研究では，メコン流域の広い範囲で水環境からの指標微生物の検出を行い，住民の生活水源の汚染状況を明らかにしました。同時に住民の水利用形態を調査し，各地域での感染症のリスク要因を特定しました(108 頁図)。

都市域の一部では先進国と同様に急速ろ過システムを採用した浄水場と管路網からなる広域水道が整備されていますが(下図上段左)，その管理が不十分なために，水道水の水質は必ずしも良好ではありません。また，増え続ける人口に対応できず，給水量が恒常的に不足しています。広域水道でカバーできない地域では，1つあるいは数個の集落を単位として深井戸からくみ上げた地下水を管路で配水する水供給システム(集落水道，上図上

メコン流域の都市域・農村域で飲用される水源

段中央)が整備されています。集落水道では，資金の問題等から一般に浄水処理は行われないため，この集落水道の水からも指標微生物が検出されることがあります。比較的裕福な家庭では，これらの水道水の代わりにボトル水(109 頁図上段右)を飲用するケースもみられますが，一部のボ

トル水からは同様に指標微生物が検出されました。メコン流域には下水道施設はほとんど整備されていません。タイのコンケンにはラグーン下水処理施設がありますが，現在，その有効性を検討しています。また，不衛生な市場における水や食品の交叉汚染が都市域のリスクを高める一因であることも明らかになりました。

一方，農村域では雨水や井戸水，河川水等を飲用水源として利用しています（109頁図下段）。雨水を貯める水瓶を所有している家庭では，雨季に貯めた雨水を乾季にも飲用します。水瓶をもたない家庭では，井戸水や河川水が飲用されています。一般に雨水は沸かさずに飲用されますが，水瓶に貯蔵中の雨水から指標微生物が河川水と同等の濃度で検出されることもあります。また，通常煮沸して飲用される井戸水や河川水においても，煮沸後の水から指標微生物が頻繁に検出されました。このように農村域では，今なおも衛生状態が劣悪であるために，汚染された水源の利用に伴う高いリスクに直面しています。とくに，雨季に洪水に見舞われる地域では，洪水流中の病原微生物により生活水源が汚染される危険性があります。この洪水氾濫現象をモデル化し（111頁図上段左），洪水時にリスクが増大するという予測結果を得ました。

さらに，生活水源として利用される水資源から病原微生物を除去し安全な水利用を実現するために，セラミック膜ろ過浄水技術やUASB－DHS下水処理技術など，地域の特性に応じた新しいリスク削減技術も開発しています。これらの新技術を地域の水利用システムに導入することでリスクマネジメントシステムが構築されれば，アジア・モンスーン地域の安心・安全な社会の持続的な発展に貢献できると考えています（111頁図）。

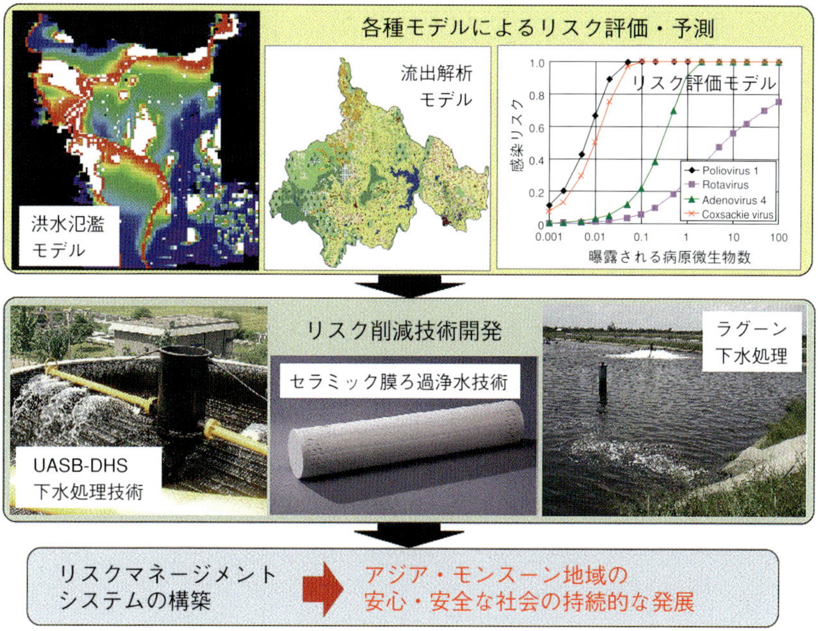

アジア・モンスーン地域における水資源の安全性にかかわるリスクマネージメントシステムの構築

7 震災情報の可視化——市街地の地震時挙動

◉ 寺田賢二郎

地震時の実際の被災状況を報道すること同様，何らかの形で地震現象を現実的なものとして明示することは，人々の防災意識に対して自覚を与え，防災活動を促進する駆動力になりうると考えられます。このことは，日本地理学会によるハザードマップを利用した地震被害軽減の推進に関する提言[1)]の中でも指摘されていることです。また，地理情報システム(GIS)などを活用して各地域における実際の地盤構造や土地利用の情報を反映させながら地震時の都市や建物の挙動を明示することで，地震情報がより身近なものとして住民の意識向上につながるものと期待されています。そしてさらに，この地震情報がより精度良く予測され，かつ現実に起こり得るものとして視覚的に示され，あるいは体感できるよう提供されるのであれば，その効果の大きさは容易に想像できるでしょう。なかでも，揺れや加速度の最大値や時刻歴応答などを精度よく予測できる数値解析手法を駆使した詳細な地震時挙動シミュレーションは，そのための有力な手段の一つとして認識されいて，計算機科学の高度化と連動して次世代の地震情報の提示方法として注目されつつあります。

このように地震防災分野における数値シミュレーションの重要性が高まる一方で，その解析結果を提示する際の具体的な手段である可視化技術の役割や効果についての議論が進められています。そういった観点から，今日の工業製品の生産活動に目を向けると，数値シミュレーションを設計･解析･製造の各プロセスに導入し，人工物の設計を支援する一連のシステムであるComputer Aided Engineering(CAE)においては，解析結果である応力や温度などの空間的な分布を，時間の経過に合わせて画像や動画として表示し，評価の精度や効率を上げる仕組みが整っており，エンジニアの意志決定に際しての可視化の重要性は広く認識されていることに気づきます。ここでは，このような工業製品の設計･製造支援ツールとしてのCAEに倣って，現状の技術で可能な限り高精度な地震の数値シミュレーションを実施した結果を地震情報として直感的に理解しやすい形式で可視化するという，震災の評価者の立場にたった地震情報の「見える化」の試みを紹介します。

市街地の大自由度を有する解析モデル

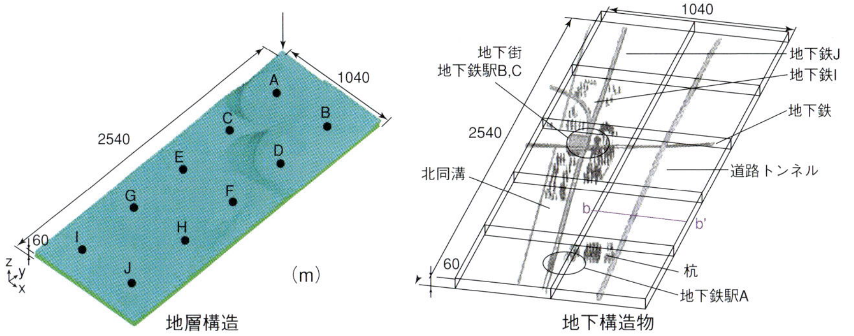

解析対象となる地盤と地層構造の俯瞰図

地層構造の材料定数（地盤のかたさを示す物理定数）

層	材料名	N値	ρ (kg/m³)	Vs (m/s)	Vp (m/s)
第 1 層	沖積砂質土	14	1 850	193	361
第 2 層	沖積粘性土	21	1 500	248	464
第 3 層	洪積粘性土	49	1 500	355	664
第 4 層	洪積砂質土	50	1 850	430	805
構造物	コンクリート	—	2 350	2 183	3 781

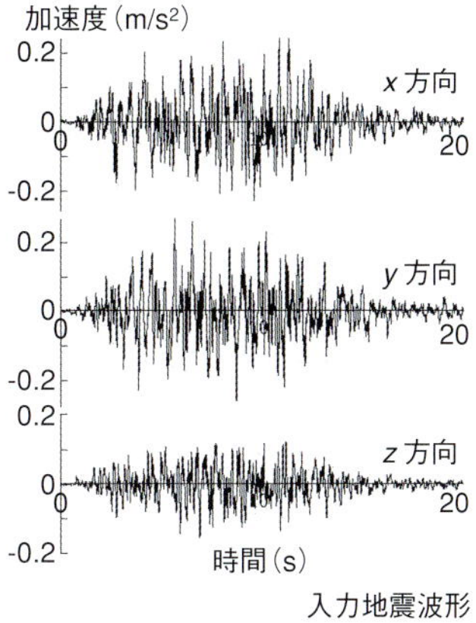

入力地震波形

地震における予測技術は地盤情報，断層の情報など不確定な要素が多いため，それほど高い精度を望めません。しかし，震災の場合は事前の対策を行うことによって被害の軽減が可能ですので，防災活動の火付け役としての地震情報の可視化は重要です。

市街地における避難所や防火水槽の設置などの防災計画に役立てることを想定し，仮想的な市街地を作成して解析モデルを生成することができます。113 頁図：解析対象となる地盤と地層構造の俯瞰図には，ここで解析対象とした地下構造物を含む（仮想的な）市街地の俯瞰図を示します。地盤は全部で 4 つの層からなり，各層の材料定数は 113 頁表：地層構造の材料定数に示すとおりです。ただし，第 1 層上面が地表面，第 4 層下面が工学的基盤面で，それぞれ水平を保つような理想的な地盤を想定しています。

地震応答評価の対象となる地上構造物として杭基礎が必要なビル群を考え，これらの地震動に影響を与える 6 Hz 程度までの周波数成分を持つ波に着目します。一方，地下構造物の非均質性を特徴付けるために必要な空間分解能（解析の精度）は，地上構造物の固有振動数に着目した際の空間分解能よりもさらに細かく設定する（つまり，シミュレーション結果をたくさんの点で観測する）必要がありますが，地下構造物の非均質性を直接的に考慮して市街地全体の地震時応答を評価することは，現在の計算機ハードウェアの性能をもってしても非現実的です。ここではこれに対応するために「計算工学」分野で開発された非均質性を埋め込んだ階層型要素[2)]を適用して前者の分解能で解析することにします。入力地震動には，設計用入力地震動作成手法技術指針（案）[3)]に基づいて作成したものを用い（113 頁図：入力地震波形参照），基盤面を想定した第 4 層下面に強制変位として 113 頁図：解析対象となる地盤と地層構造の俯瞰図の矢印の方向から位相差を考慮して与えます。

市街地の地震時挙動シミュレーション

ここでは，地下構造物を含まない地盤構造のみのモデル（以下，「地盤構造のみモデル」）と地下構造物と地盤構造両方を考慮した解析モデル（以下，「地下構造物ありモデル」）の 2 種類のモデルを用いた解析を行い，得られる挙動についていくつかの指標を用いた可視化例を示します。

スペクトル強度を用いた地震時挙動の把握

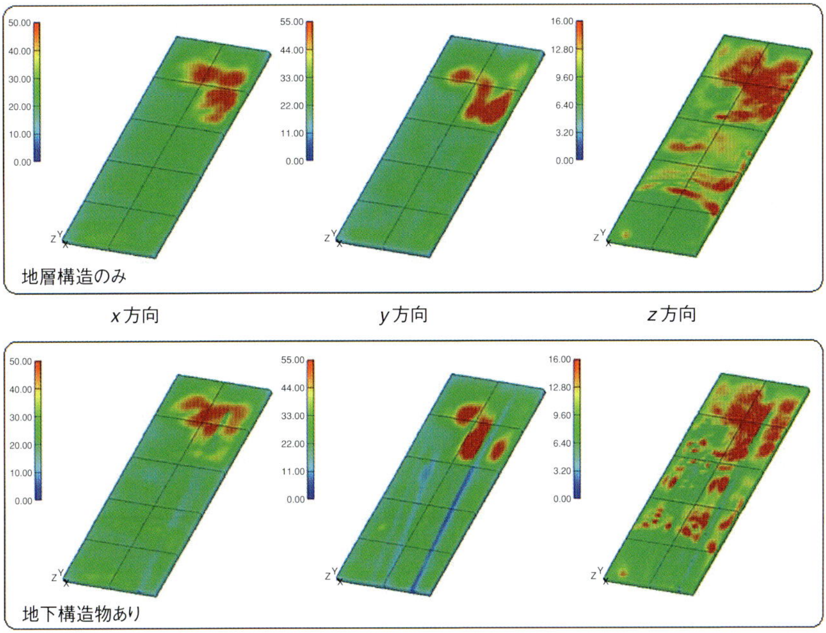

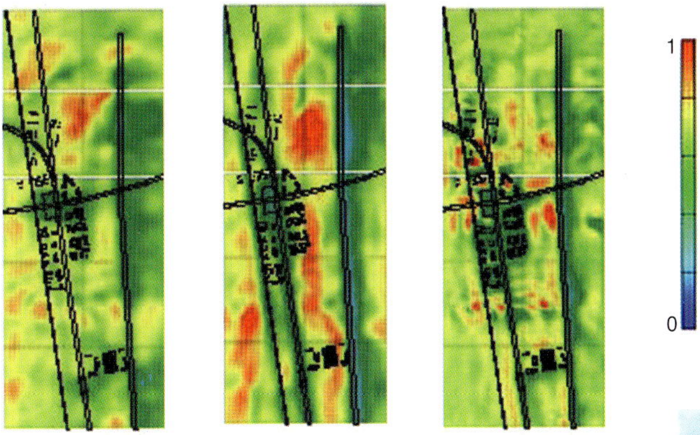

x方向　y方向　z方向

スペクトル強度分布

地震動や予測される震災の程度についてより詳細に把握する必要がある場合には，解析結果を

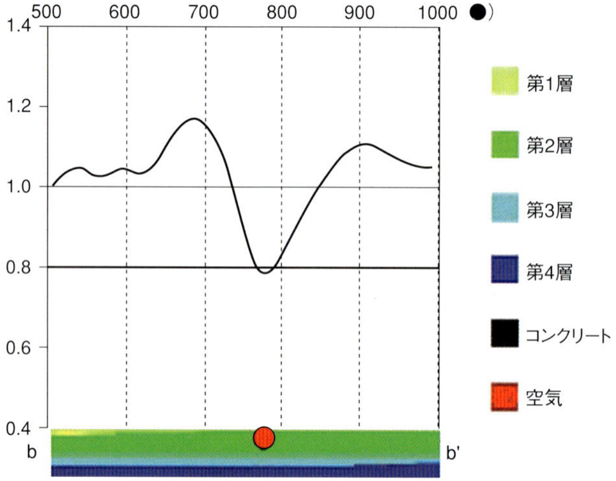

「解析対象となる地盤と地層構造の俯瞰図」の線分 bb'上のスペクトル強度比分布（x 方向成分）

フィルターに通すことでさまざまな評価軸での検討が可能となります。例として，本節で用いる目的地盤のみモデルと地下構造物ありモデルについて，地上構造物の揺れやすさおよび地震エネルギーの指標であるスペクトル強度を 115 頁図：スペクトル強度分布に，またその比を取って両者の違いを表したものを上図に示します。この図は，1 以上のとき地下構造物の存在により地表の地震エネルギーが増幅し，1 以下のとき逆に抑制されることを示しています。

地下構造物の上部でその存在が地盤の剛性を高めることにより地震エネルギーが抑制され，一方その周辺では地下構造物からの反射波と入力波の干渉によって逆に増幅されていることがわかります。ただし，これだけでは広域的すぎて個々の構造物の影響を評価しにくいので，可視化の視点を変えたり，評価対象としたい領域をズーミングしたりすることが効果的です。例えば，上の結果について，道路トンネルを横断する 113 頁図：解析対象となる地盤と地層構造の俯瞰図に示す線分 bb'上のスペクトル強度比分布を表したものが上のグラフです。地下構造物の左側の抑制領域がその右側に比べて小さく，結果的に左側の増幅領域が接近しており，応答の片寄りを確認できます。このように，解析結果を加工することでいくつかのモデルの違いを明確に抽出することが可能となり，国，自治体，地域住民，個人などさまざまなレベルの地震防災に係る意志決定において効果を発揮するものと期待されるのです。

ここで紹介したモデル化から可視化までを含んだ一連のシステムは，必要となるソフトや高性能かつ大容量を有するコンピュータなどがあるごく限られた環境下でのみ実現可能です。今後の解析技術や可視化技術の向上はもちろんのこと，システムの統一化やモデル･解析データの規格化，解析結果のデータベース化などの周辺環境整備を行うことも重要課題です。

まとめ

地震防災に係る意志決定プロセスへの利用や防災意識向上を図ることを意図して可視化情報の受け手の特性を踏まえた提示方法･内容は多岐にわたります。解析結果の可視化に基づいて地震動や震災の評価を試みることで，震災の評価者の立場にたった地震情報の「見える化」の効果は明らかです。そして，地震情報を現状の技術で可能な限り高精度な数値解析で予測するだけでなく，その結果を空間的かつ時間的な変化としてアニメーションなどの可視化技術を利用して，よりリアルに，よりわかりやすい形式で評価者に提示することで，自治体レベルの防災計画や個人レベルの耐震補強･補修などの意志決定プロセスに影響を及ぼすほどのインパクトを与えられます。このように，工業製品の設計･製造支援ツールとしてのCAEの考え方に倣って，高精度な地震の数値シミュレーションを実施し，地震防災の意識向上を意図した可視化方法を高度化していくことは，土木工学に課せられた大きな課題です。

参考文献

1）日本地理学会：ハザードマップを利用した地震被害軽減の推進に関する提言，日本地理学会，2004
2）生出佳，市村強，石橋慶輝，寺田賢二郎：複合構造の平均特性を与える階層型要素の性能評価，土木学会論文集，745/I-65，15-24，2003
3）建設省建築研究所 日本建築センター：設計用入力地震動作成手法技術指針（案），設計用入力地震動研究委員会平成3年度成果報告書，1992

8 地盤の液状化

◉ 風間基樹・岸野佑次

液状化現象のメカニズム

地盤が地震動を受けてあたかも液体のように振舞う現象を「液状化現象」と呼びます。地盤に液状化が生じるのは，次のような条件がそろった場合です。

- 地盤を構成する土粒子骨格構造が脆弱であること。よく締まった密な地盤には液状化は生じません。
- 間隙を水が十分に満たしていること。液状化は地下水面以下の地盤で生じることがほとんどです。
- 地震動が地盤の土粒子骨格構造を崩すほど大きいこと。およその目安は，震度5以上の震動です。
- 地盤が粘着力の小さい細粒のシルトや砂で構成されていること。粘土のように粘着力を有する土は，土粒子がばらばらになりにくいため，液状化しにくいといわれています。また，礫のように透水性の高いものも液体状になっている時間が短いため，液状化しにくいといわれています。

なぜ，上記のような条件がそろわないと，液状化が生じないかは，専門書に譲ることにして，液状化によってどのような被害が生じるのかを見てみましょう。

噴砂・噴水現象

液状化が生じると，地震の後に泥水が地中から噴出すことがあります。このような現象は噴砂･噴水現象と呼ばれ，地中で液状化現象が生じたことの一つの証拠とされています。噴砂は，間隙水圧が高まった地中の泥水が，上部の非液状化層を突き破り地上に出てきたものです。噴水の高さは，人の背丈以上，あるいは10 m ほどになることもあります。

2003 年 9 月十勝沖地震　苫小牧東港で見られた噴砂跡

建物の支持力の喪失

上の写真は，1964 年新潟地震の際に，液状化で傾斜した川岸町の 4 階建て県営アパートを示しています。直接基礎で支持されたこのアパートは，地震の主要動が終わってからゆっくり傾斜していったことがわかっています。

1964 年新潟地震における川岸町アパート 3 号棟の傾斜（東京都撮影：1964 年新潟地震液状化災害ビデオ・写真集，2004，地盤工学会より）

地中の軽量構造物の浮き上がりや重量構造物の沈下

液状化した泥水は単位体積重量の大きな流体とみなせますから，液状化した泥水中に存在する地中構造物は，ちょうど密度の高い流体中にある状態と化します。このとき，軽量な地中構造物には過大な浮力が作用して，地中から浮き上がることがあります。2004 年新潟県中越地震の際には，下の写真のように地中に埋められたマンホールが 6 000 箇所以上も浮上したことがわかっています。また，泥水の単位体積重量よりも重いものは，沈み込むこともあります。

2004 年新潟県中越地震の際に浮上したマンホール（小千谷市若葉地区）

粒子モデルによる液状化の計算機シミュレーション

満員電車に乗ったとき，はじめはかなり窮屈でも，電車が揺れる度に隣の人からの圧迫が緩和されることがあります。なるべく楽な位置に皆が移動することによります。液状化もこれに似ています。121 頁の図：液状化のシミュレーションは計算機の中で液状化の 2 次元シミュレーションを行った例です。この例では，縦横に繰り返し力を増減することにより，各粒子はなるべく楽な位置(専門的には弾性エネルギーをなるべく小さくする位置)に移動し，結果として，粒子間の力が小さくなります。しかし，この粒子集合体が地中にあり，粒子以外の部分は水で満たされているとすると，この集合体にかかる上からの土の圧力に耐える必要があるので，これには水の部分で抵抗することになります。すなわち，左の状態から右の状態に変化する課程で水圧が急に大きくなります。このようにして発生した水圧が液状化の原因であり，地表に向かう泥水の流れが噴砂となって現れます。下の図よりわかるように，2，3の粒子が粒子径程度移動していますが，全体としては大きな変化は観察されません。このように，粒子パッキングのわずかな変化でも力学的には大きな意味をもつことが注目されます。

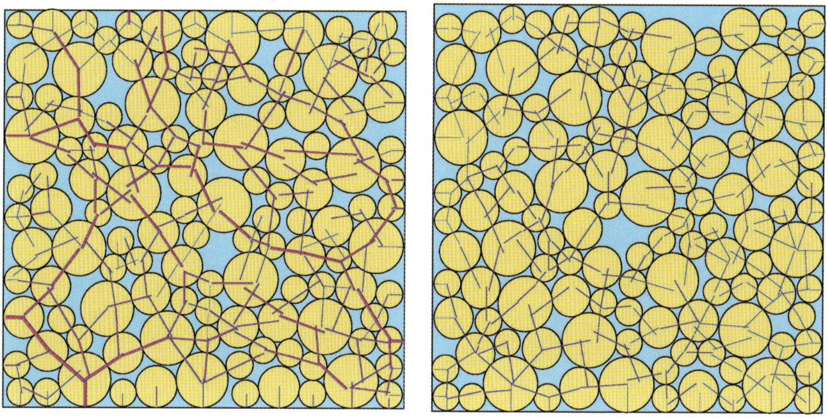

液状化のシミュレーション　図中，粒子接触点に描かれた長方形は，その幅と向きで，粒子間力の大きさと方向を表します。左の初期状態から出発して体積を一定に保ったまま，縦・横方向に加える力の差をプラスマイナス一定の振幅で増減すると，数サイクル後に右の図のようになります。

9 地震時の地盤・構造物の揺れや破壊を予測する

● 渦岡良介

地震に強い安全な都市を創るために

地震の際に，地盤は大きく変形し，破壊に至る場合があります。とくに，埋立地や宅地造成地などの人工地盤は，自然に堆積した地盤と比較して柔らかく・弱いのが一般的なので，地震の際には大きく変形し，崩壊する場合もあります。その際，その地盤の上にある構造物もいっしょに変形して，破壊してしまいます（2004年新潟県中越地震，撮影：東北大学仙頭紀明氏）。

地震国日本では，これまで地震によって多くの人命が失われてきました。そして，この多くの人命の喪失の原因の一部は，私たちが造った構造物の破壊にあります。実際，1995年の阪神・淡路大震災では，死因の実に8割が建物などの倒壊などによるものです。

地震で破壊しない構造物をつくるため，日々，世界中の研究者や技術者が知恵を絞り，地震対策技術を培っています。日本は地震対策技術の先進国の一つであり，高層ビルや長大橋梁の建設には高い耐震技術が活かされています。現在の耐震設計では，まれに発生する大きな地震に対しても，人命を損なうような構造物の破壊が生じないように，地盤や構造物の地震時の揺れをできるだけ正確に予測できる技術が求められています。地盤や構造物の地震時の揺れや破壊を予測するには，対象地点で発生しうる地震動の調査，地盤調査，構造物の建設に用いる材料の調査など多くの情報をもとに解析を行う必要があります。

地盤の性質を調べる

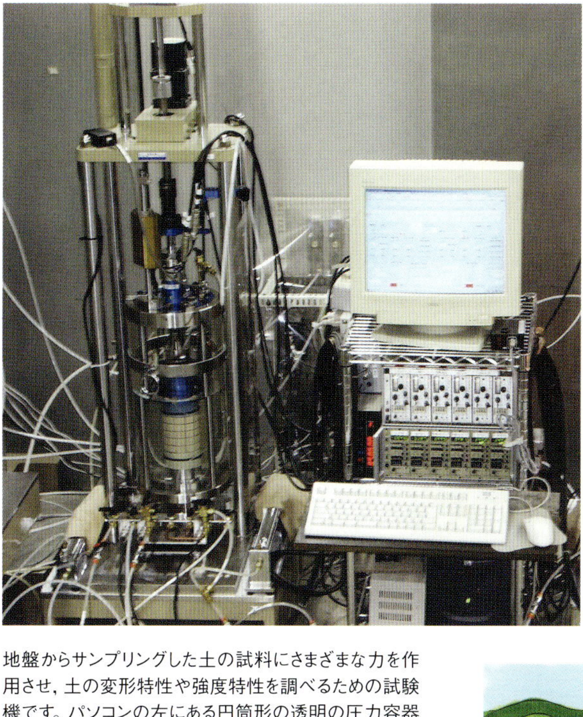

地盤からサンプリングした土の試料にさまざまな力を作用させ，土の変形特性や強度特性を調べるための試験機です。パソコンの左にある円筒形の透明の圧力容器に土の試料が入っています。圧力容器の中の白地に黒のメッシュが描いてある部分が土の試料です。圧力容器を用いているのは，もともとの地盤内の圧力を再現するためです。

地盤の性質（変形特性や強度特性）は実験によって調べます。地盤は土粒子，水，空気からなる混合体です。土粒子の大きさが小さいものから，順に粘土，シルト，砂，れきと呼ばれています。地盤は，山から川が運んだ土が堆積したもの，海の底で堆積したもの，人工的に造られたものなど，場所によって，そのでき方はさまざまです。また，古い時代に堆積したものもあれば，人工地盤のように比較的最近造られたものもあります。地盤は，これら土粒子の大きさやそのでき方の違いによって，場所によって性質が異なることになります。このため，建設地点ごとに詳しい調査を行って，その地盤の性質を調べる必要があります。

地盤の性質を調べるには，さまざまな方法があります。123頁の写真の方法はその一つで，地盤内のある深さにある土をサンプリングした試料を実験室に持ち帰って詳しく調べる方法です。この他にも，現場でどのような土が分布しているのかを調べる試験なども行って，後のコンピュータによる解析に必要な地盤の情報をできるだけ正確に調べます。

コンピュータで地盤と構造物の揺れや破壊を予測する

地盤と構造物の地震時の変形予測には，コンピュータを用います。このコンピュータでは，地盤と構造物に作用する地震による揺れの力や地盤と構造物のかたさ・強さなどを力学に基づいて理論的に計算しています。この計算では，地盤内の地層構成やそれぞれの地層の性質，構造物の形状やそ

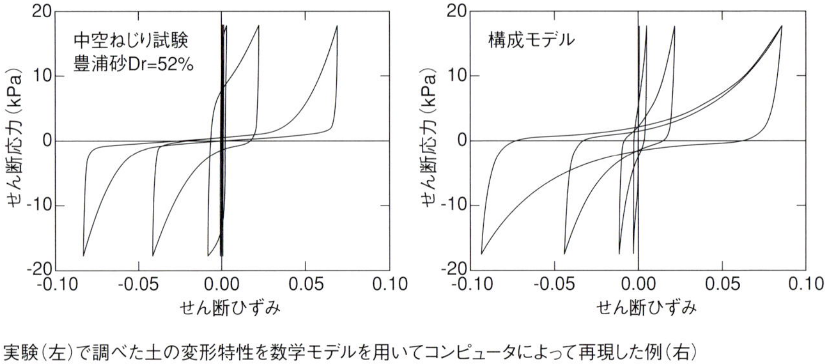

実験（左）で調べた土の変形特性を数学モデルを用いてコンピュータによって再現した例（右）

の材料の性質，想定する地震の揺れなどが必要になります。

地震時の地盤や構造物の揺れや破壊をコンピュータで正確に予測することは，容易なことではありません。計算に用いる地盤・構造物の情報や地震の揺れの情報などを正確に知る必要があります。また，計算で用いている地盤・構造物の数学モデルが，その材料に対して適切であるかどうかも知る必要があります。そこで，下図のように，実験で調べた実際の土の性質や実際の地震で破壊した地盤や構造物の様子をコンピュータでシミュレーションすることによって，より良い予測手法の研究を行っています。このような，シミュレーション事例を積み重ね，より良い手法を確立を目指しています。そして，この成果が多くの構造物の耐震設計に生かされ，地震によって人命や財産が脅かされることのない社会の実現を目指しています。

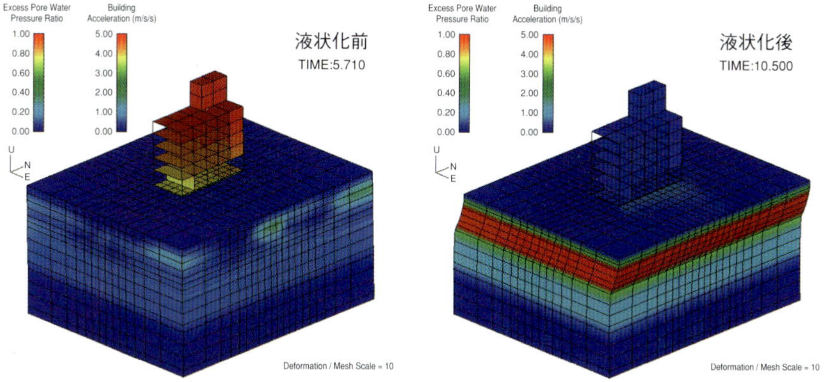

阪神・淡路大震災の際に破壊した地盤と建物の変形をコンピュータで予測した事例。建物（5階建て）の赤い部分は大きな揺れの力が作用している部分を示しています。また，地盤（下の直方体）の赤い部分は液状化している部分を示しています。地盤が液状化する前（左）と後（右）では，建物や地盤の揺れ方が異なることがわかります。

10 橋梁の耐震・耐久設計法の構築——最近の地震被害に学ぶ

◉ 鈴木基行・内藤英樹

はじめに

我が国では，高度成長期に多くの社会基盤施設が建設されました。この時代の構造物は，耐久性や耐震性の問題が指摘されており，現在，補強・補修が行われています。以下では，兵庫県南部地震以降の大規模地震による橋梁の被害とその教訓を紹介します。

最近の大規模地震による橋梁の被害例

1995 年の兵庫県南部地震以降，主要幹線道路や鉄道高架橋などの耐震補強が進められました。しかし，耐震補強が十分に行われなかった地域では，三陸南地震（2003 年），十勝沖地震（2003 年），および新潟県中越地震（2004 年）などにおいても，兵庫県南部地震と同様の被害例が報告されました。

兵庫県南部地震（1995 年）では，橋脚の強度不足により高速道路が倒壊しました[1]。

三陸南地震（2003 年）では，鉄道高架橋の橋脚部にせん断破壊が生じました[2]。

十勝沖地震(2003 年)では，支承部の破壊が報告されています[1]。

新潟県中越地震(2004 年)では，RC 橋脚が損傷しました[1]。

兵庫県南部地震により得られた教訓

兵庫県南部地震により，橋梁の耐震設計では以下の項目が検討課題となりました[3]。

(1)　橋脚の耐荷力および靭性能の不足

(2)　設計地震力と橋の耐震性

(3)　構造部材の地震時の変形性能および動的耐力

(4)　動的解析の活用

(5)　免震設計の導入

(6)　支承部の耐震化

(7)　落橋防止構造の導入

(8)　液状化およびこれに伴う地盤流動の検討

(9)　橋全体系としての耐震性の検討の必要性

以降では，上記(1)～(9)に対する対策や検討を紹介します。

(1)　橋脚の耐荷力および靭性能の不足

兵庫県南部地震では，高架橋が上部工を支えられずに倒壊しました。このため，著者らは，耐震

首都高速道路の高架橋では，鋼板巻き立てなどによる補強が行われています。

補強工法や高性能耐震構造部材の開発を行っています。また，災害時の復旧･救急に係るルートを複数設けることも防災･減災対策に必要です。

(2)　設計地震力と橋の耐震性

兵庫県南部地震後は，部材降伏後の塑性変形を考慮した耐震設計が行われるようになりました。土木学会のコンクリート標準示方書[4)]では，設計地震動の大きさと構造物の耐震性能を以下のように設定しています。

レベル１地震動：構造物の耐用期間内に数回発生する大きさの地震動。

レベル２地震動：構造物の耐用期間内に発生する確率のきわめて小さい地震動。

耐震性能１：地震時に機能を保持し，地震後にも機能が健全で補修をしないで使用が可能である。

耐震性能２：地震後に機能が短期間で回復でき，補強を必要としない。

耐震性能３：地震によって構造物全体系が崩壊しない。

(3)　構造部材の地震時の変形性能および動的耐力

著者らは，RC およびSRC 柱の正負交番載荷実験を行い，部材損傷に着目した限界状態の設定とその変形性能評価に関する検討を行っています。

(4)　動的解析の活用

計算機環境の向上に伴い，最近では非線形時刻歴応答解析による耐震設計が主流となりました。

著者らは，大型のRC・SRC柱の正負交番載荷実験を行い，靭性能評価法を構築する際に必要となる基礎的データを収集しました。

鋼板とゴムの積層構造によるゴム支承が用いられています。

(5) 免震設計の導入

支承部の剛性を調整して構造物の固有周期を長周期化させることで，地震動との共振を回避した免震技術も活用されています。

(6) 支承部の耐震化

鋼板とゴムの積層構造によるゴム支承が多く用いられるようになりました。ゴム支承には，免震効果，上部工慣性力を複数の橋脚に配分する反力

分散支承，および鋼板のエネルギー吸収能を活用した制震効果を期待するものもあります。

(7) 落橋防止構造の導入

橋脚の耐震補強が進められる一方で，下の写真のような落橋防止装置も多く設置されました。

桁と桁を連結させることで，上部工の落橋を回避します。

(8) 液状化およびこれに伴う地盤流動の検討

液状化対策として，サンドパイルなどの地盤改良が提案されています。しかし，液状化に伴う現象は未解明な部分が多く，今後の研究により効果的な対策が提案されるものと考えられます。

橋脚と主桁の接合部にストッパーを設置することで，上部工の落橋を回避します。

(9) 橋全体系としての耐震性の検討の必要性

橋梁の地震時挙動をより精緻に評価するため，隣接する橋脚や杭基礎・地盤などの影響を考慮した高度な解析モデルが検討されています。

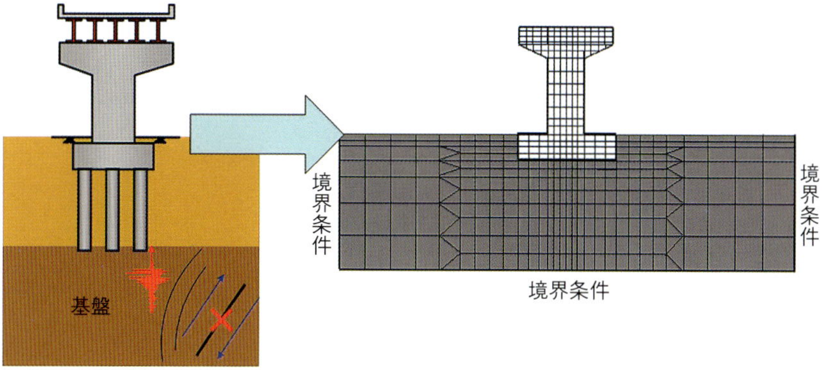

地盤ー杭基礎ー橋脚の連成を考慮したFEM解析の必要性が検討されています[4]。

まとめ

最近発生した大規模地震による橋梁の被害と教訓を紹介しました。地震被害以外にも既存構造物は，耐久性が劣化したものも見受けられます。新規の橋梁建設が減少し，今後，橋梁は維持管理の時代を迎えます。既設構造物に適切な補修・補強を施すことで，地震・災害などに対して安全・安心な社会基盤施設を持続することが可能となります。本研究室では，今後も超高性能耐震構造部材の開発や信頼性理論に基づく耐震・耐久設計法の構築を検討していきます。

参考文献

1）吉嶺充俊：地震被害写真集，http://geot.civil.metro-u.ac.jp/archives/eq/index-j.html，首都大学東京都市環境学部土質研究室，2001-2006
2）土木学会：2003年，2004年に発生した地震によるコンクリート構造物の被害，コンクリートライブラリー115，2005
3）日本道路協会：道路橋示方書，V耐震設計編，1996
4）土木学会：コンクリート標準示方書 耐震性能照査編，2002

11 構造物の超音波診断 ——構造物のお医者さん

◉ 山田真幸

その背景，なぜ今診断か？ つくる土木技術から守る土木技術へ

私たちの生活は土木構造物に支えられています

土木構造物の寿命は50年とも100年ともいわれていますが，これまでは構造物が寿命すなわちライフサイクルで交換されたことは少なく，急激な経済成長で要求される機能を満たせなくなり交換されたものがほとんどでした。高度成長期以降は建設ラッシュも収まり，造られた多くの土木構造物は使い続けられ，ライフサイクルの終わりまで私たちの経済活動を支え続けることでしょう。しかし30年余りを経た今日，この時期に造られた非

常に多くの土木構造物で劣化や損傷が多くみられるようになり，交換や補修の判断が必要になっています。これらのことから今後は土木構造物をライフサイクルの終わりまで使用するために，健全性を的確に判断し処置できる「維持管理の土木技術」が非常に重要なものになってきます。

破壊と土木構造物

土木構造物に限らず，多くの場合破壊現象は微視的には「微小なき裂（クラック）の成長現象」であるといえます。このき裂は材料に初めからある，あるいは不可避に混入してしまう非常に小さな欠陥から発生し，繰返して応力がかかる事により成長します。コンクリート構造物ではうまく充填されなかったところや打継ぎ目などがこのような欠陥になり得ます。鋼では溶接により欠陥が生じ，発生した非常に小さいき裂が疲労亀裂として長期に渡り成長し，全体が破壊してしまう大事故に至ることもあります。'94年に韓国の聖水（ソンス）大橋が崩壊した事故は疲労き裂の成長が原因だとされています。

超音波センサーと検査対象（鋼管）

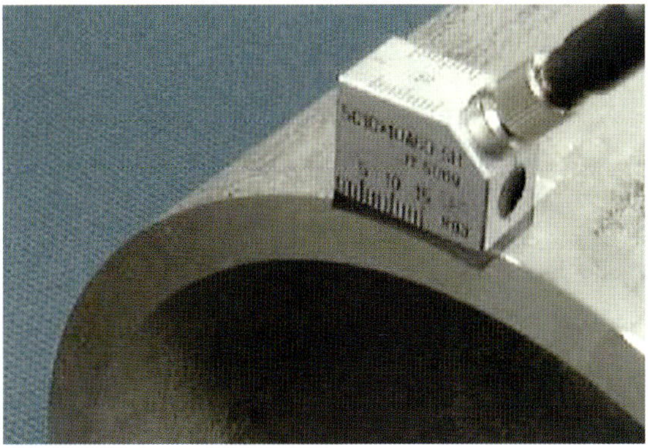

探傷試験の様子

現象のモデル化

私たちは検査対象表面で測定されたデータから内部を推定しなければなりません。では表面の測定データと内部の情報はどのように結び付けられるのでしょうか。超音波は固体中を伝わる動きです。波の伝わる固体の性質等をモデル化し，エネルギー保存則等と組み合わせ数式で表して考えます。これらは波動方程式と呼ばれる微分方程式を満たすことから，ある構造に超音波を入れた時，どのような波形の超音波が返ってくるかが計算することが可能です。このことから逆に，返って来た超音波の波形(位相)情報が構造物内部の状態(欠陥の形など)を知る重要な手がかりとなります。理解しづらく感じるかも知れませんが高校生の時に勉強する物理学，数学が基本です。これらの関係とコンピュータとを利用して多くの観測データを処理して欠陥の有無等の判断をします。このような手法はコンピュータの発達に合わせて急速に発展しており，今後診断のため技術として応用が期待されています。

欠陥による散乱波動の可視化

これは固体内の円形空洞に超音波が入射して生じる散乱波を画像として

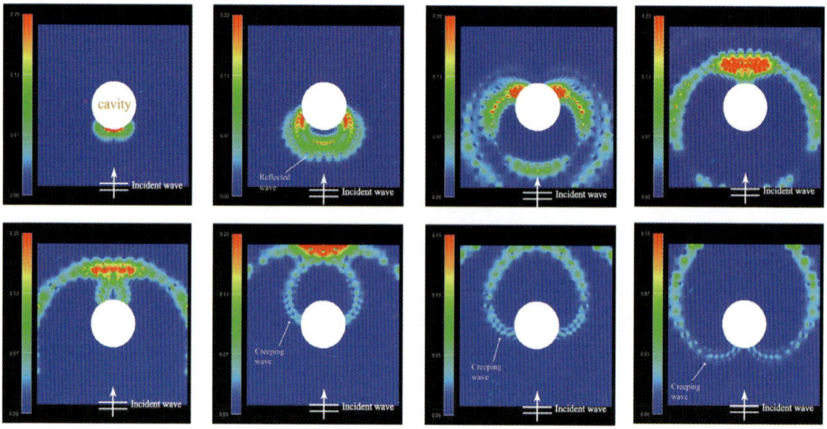

円形空洞に当たった波が反射する様子と，空洞を回り込む様子が明かになっています

可視化したものです。一般的に固体中の波動現象を目に見える形で観察することは難しいですが，ここでは境界要素法という手法を用いて，数値計算によるシミュレーションで反射波と空洞付近を一周して第二波が伝わって行く様子を明らかにしています。

固体内の欠陥形状の再構成

これはアルミニウム製供試体に実際に超音波を送信し，試験体内部の人工欠陥の影響を受けた散乱波を受信したものから線形逆散乱法により欠陥の位置や形状を画像として再構成したものです。供試体内部の欠陥形状が鮮明かつ正確に表せていることがわかります。

初めの例では欠陥がある時の波の伝わり方を示しましたが，ここでは伝わった波から内部の欠陥の形が推定できることがわかっていただけると思います。これらを利用して最終的には医療の分野で利用されているような画像による構造物の診断装置が創出できればと考えています。

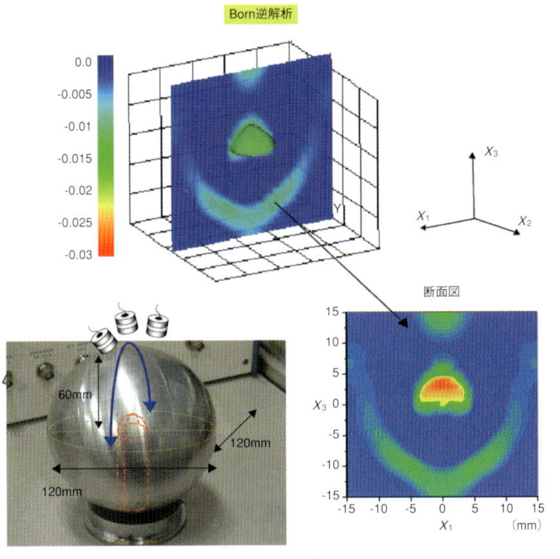

アルミニウム製供試体とその内部の可視化結果です

12 構造・材料の安定性

◉ 池田清宏

研究概要

池田は，鋼材に代表される金属材料，砂や粘土等の土質材料，コンクリートのような人工材料，岩に代表される地質材料，ならびに地殻構造，海底地形等の地質構造やドーム構造物や梁構造物のような人工構造物等々の強度や破壊・変形形態を数理科学的な視点から研究しています。

分岐理論により物理現象の定性的な側面を記述し，実験と数値解析により定量的な側面を記述するという手法により，多岐にわたる材料および構造系の強度や破壊・変形形態の仕組みを解明しようとするのが主な研究方針です。分岐とは，形態の変化を意味しており，構造物の崩壊から，金属材料の縞状の劣化部の形成，土質材料の外力による軟化，弱いコンクリートの圧縮強度の変動，岩の割れや断層のパターンまでを記述する重要な一般原理です。

現在力点を置いているのが，岩やクリスタル等に雁行状に発生する亀裂や割れの数値シミュレーションです。

人工構造物への適用としては，構造系の強度の製作誤差などによる確率変動を記述する理論等を研究しています。またこの確率変動理論を鋼材の引張強度の確率変動に拡張することにより，材料から構造系までの不確定要因を統一的に記述する理論について現在研究中です。

研究テーマ

池田は，主に分岐現象という数理的視点に基づき，材料や構造の変形・破壊現象に関する研究を行っています。また，こうした理論や数値解析を社会基盤施設の強度・安全性評価や合理的設計に適用する応用的研究も行っています。鋼・地盤・コンクリートなど，材料にとらわれない一般的な視点から変形・破壊現象の解明を試みています。以下，図を用いて私の研究を紹介します。

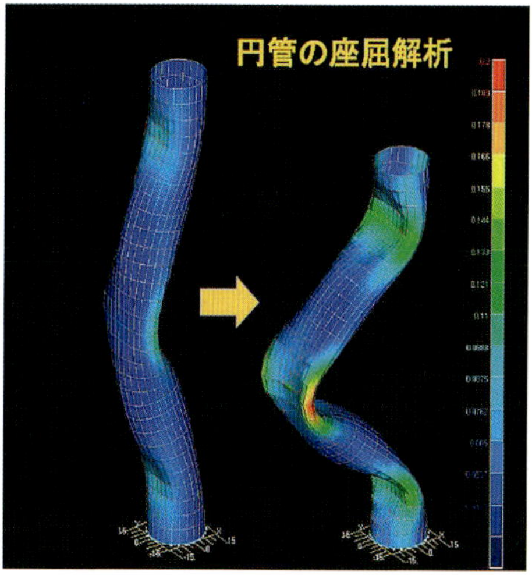

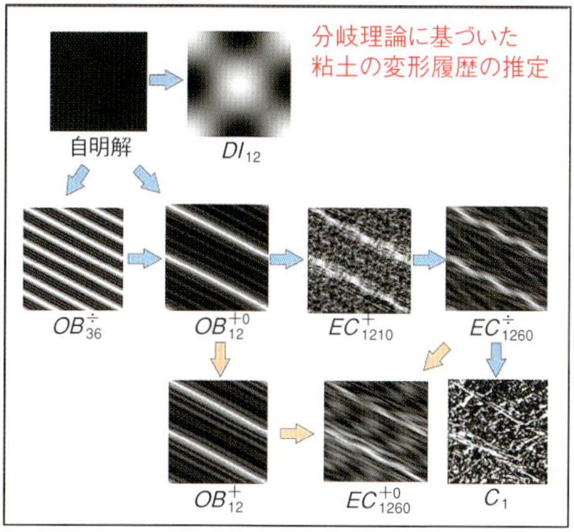

テーマ１：材料・構造系の座屈と分岐。左の上図は，円管が外力により変形する過程の数値シュミレーションです。下図はカオリン粘土に発生する損傷の画像解析です。

テーマ 2：地盤材料の分岐･変形挙動。下に示す図の左上は直方体状の砂に力をかけたときに発生する変形の写真です。右上と左下の図は，その数値シュミレーションの結果をまとめたものです。右下の図は，地盤がどれだけの荷重を支えることができるかという地盤の支持力解析結果です。赤色の部分は地盤に大きな力が作用して，破壊している部分です。

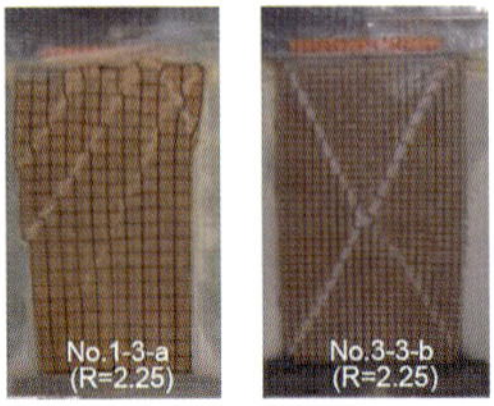

砂の平面ひずみ試験

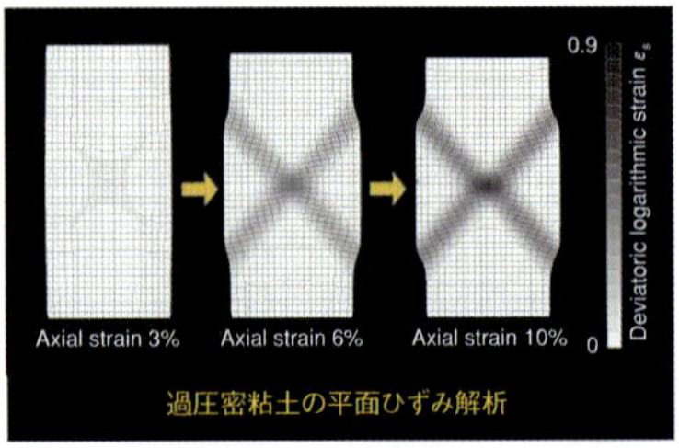

過圧密粘土の平面ひずみ解析

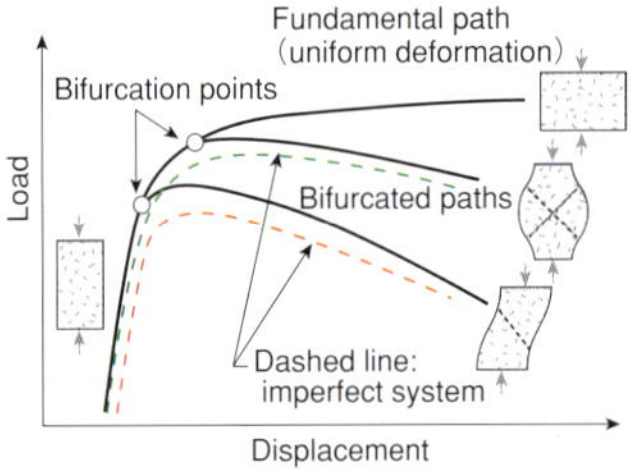

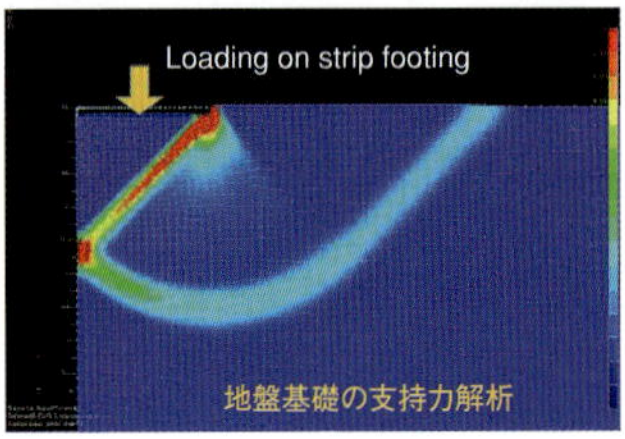

地盤基礎の支持力解析

テーマ 3：鋼材の引張り挙動のシミュレーション。鋼材の両端を引張ると，中央部がくびれて×状の痛んだ部分が発生し，最後には破断にいたるという現象のシミュレーションに成功しています。

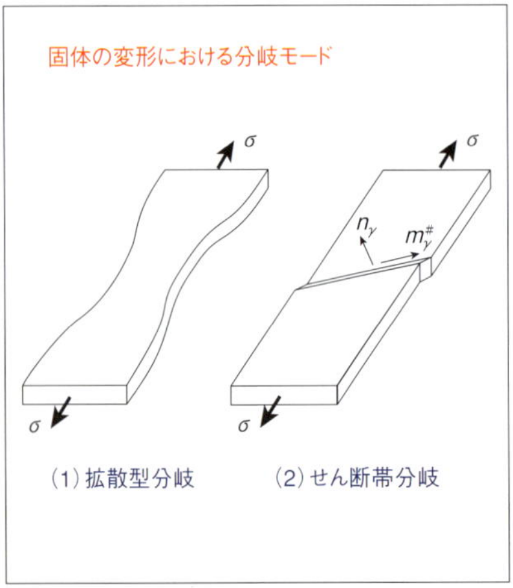

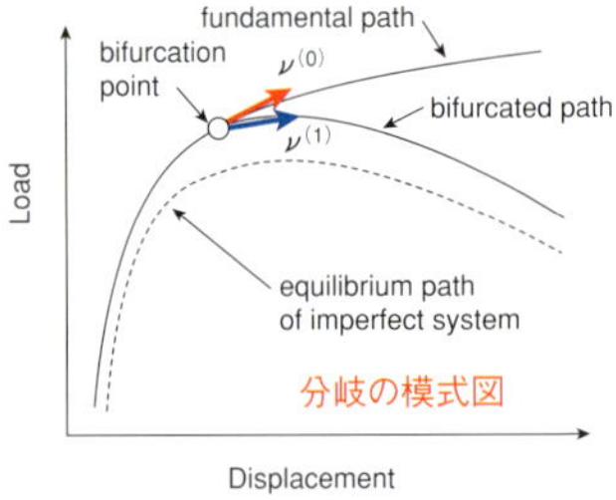

分岐の模式図

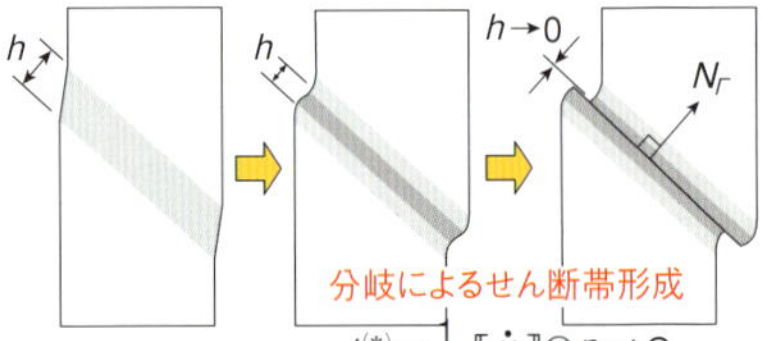

分岐によるせん断帯形成

$$l^{(*)}=\frac{1}{h}[\![\dot{u}]\!]\otimes n_\gamma \neq 0$$

応用的研究

応用的研究として，送電施設の強度・安定性評価に関する研究を行っています。具体的には，模型実験や，鉄塔構造の座屈や地盤のすべり破壊を忠実に再現した数値解析により，鉄塔の安全性を調べています。

このように私は，力学一般に根ざした要素技術の開発という基礎的研究と，それを統合して実務問題に適用する応用的研究の両方を日夜行っています。

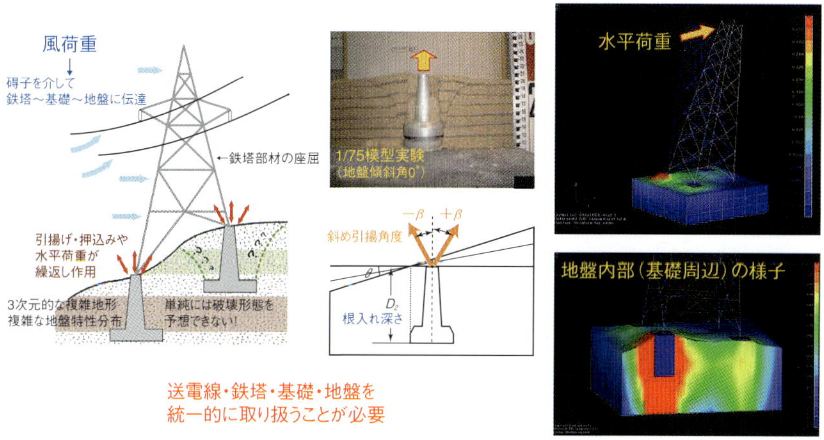

鉄塔システム全体の強度の評価。鉄塔と地盤とを合体させたシステムには，図の左側に示すように風や地震による複雑な外力が作用します。この種の外力に対する安全性を調べることが研究の最終目的となります。図の中央の遠心模型実験によりその挙動を調べ，図の右側に示す数値解析シミュレーション結果と比較しています。鉄塔に外力が作用することにより鉄塔が倒れており，またそれに伴い基礎周辺の地盤が破壊しています。

文明を存続させる人たち

竹村公太郎

土木技術者として生きていくことは，日本文明のインフラを担っていくことです。インフラは正式にいうと，Infra·Structure で，これを直訳すると「下部構造」となります。そう，土木技術者は，日本文明の下部構造を支えていく者なのです。下部構造は人間に例えると，足腰です。足腰が人間の上半身を支え，足腰に支えられた上半身が，人間らしいさまざまな活動を繰り広げていきます。もし，足腰が弱っても，人間には車椅子という補助装置があります。しかし，文明の下部構造には，補助装置はありません。文明の下部構造が弱れば，その文明は衰退し，滅んでいきます。

文明を支える下部構造の主要なものに，安全，エネルギー，食糧，交流があります。これらの下部構造のすべてに，土木技術者は深く関与していきます。世界の歴史上，多くの文明が興り，滅んでいきました。滅んでいった文明には，ある共通点があったのです。それは，下部構造が衰退し，崩壊していったことでした。安全が損なわれた文明，食糧とエネルギーが失われた文明，孤立した文明は必ず滅んでいきました。日本は最先端の近代文明を構築しました。この日本の近代文明の下部構造の構築を，先輩の土木技術者は担ってきたのです。

では，土木技術者の使命は終わったのでしょうか？ 未来の土木技術者は何をすればよいのでしょうか？未来の土木技術者は重大な使命を帯びています。それは「文明の存続」という重大な使命なのです。21 世紀，地球規模の気候変動に伴う，自然の脅威が人類に迫ってきます。石油資源の枯渇は，すでに原油高騰という現象で顕在化しつつあります。リン鉱石が枯渇し，我々の前から化学肥料が消え去っていきます。世界各地の大陸の地下水は，過剰汲み上げと，乾燥化によって低下し続けています。世界の人口は止めどもなく増加し続け，中国，インドの大躍進は，爆食とエネルギー消費を加速させています。21 世紀，人類を待ち受けているのは，自然災害による安全の脅威であり，地球規模のエネルギーと食糧逼迫の脅威なのです。

この 21 世紀，日本文明は存続できるのか。それは，いつに，文明の下部構造が崩壊するかしないかにかかっています。つまり，日本文明の存続の任務は，若い土木技術者にかかってくことになるのです。21 世紀における土木技術者の任務は，なんと重大なのでしょうか。

Part 4

海峡を跨ぐ吊り橋の建設は，人や物資の移動時間を飛躍的に短縮させ，
文明の発展を下支えします。

1 地方行政における Civil Engineeringとは？

◉ 井上洋子

はじめに

地方行政におけるCivil Engineeringとは，道路，河川，都市施設(公園・下水道)，港湾等いわゆる社会インフラの計画・整備・維持管理，また治水や災害復旧による県土保全など多岐にわたります。

公務員の性で2～3年ごとに転勤があり，その都度まったく違う分野での仕事をしながら組織全体で永続的に県土の発展・安全を支えていきます。直接的に設計を行ったり現場を施工したりということはほとんど無く，いわゆる発注者という立場で設計・現場に携わります。また，市町村との連携，地域住民へのコンセンサス等部内の組織のみならず多くの人々とかかわり，調整しながら仕事を進めます。

私も入庁以来下水道，都市計画，道路整備，砂防，道路維持等々さまざまな仕事を経験してきました。その中で感じたこと，また皆さんに感じて欲しいことなどを述べてみたいと思います。

縁の下の力持ちである

ひたすら流域下水道幹線の埋設

- 目に見える仕事の成果はこれだけ。
- 道路の下に埋設するため，弱い立場(道路占用者)
- 河川等の公共用水域の水質保全，安全で快適な生活環境を創造するために必要な都市施設だ！ と自らを鼓舞し仕事に励む。

歴史・文化・風土を守る

県都のシンボルの背後に高層マンションの計画！

- 青空のよく似合う重要文化財旧県庁舎の背後に高層マンションの計画
- 市，マンション建主との協議調整→低層マンションへの計画変更，景観条例等法規制の検討
- 施設へのそして郷土への愛着，誇りそしてこだわり。

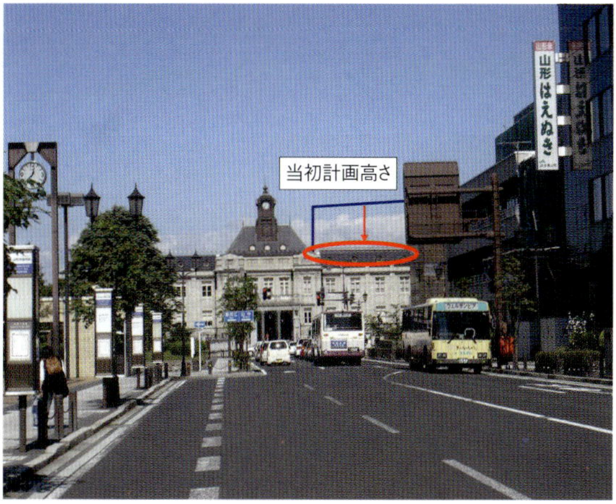

先人に学び未来へとつなげる

旧橋から新橋へバトンタッチ

- 昭和初期架設の現場打ちアーチ橋の老朽化に伴う新橋架け替え
- 新橋は上路式 RC 固定アーチ橋　トラス張り出し工法
- 架設技術の進歩，でもアーチ橋へのこだわり
- 歴史を引き継ぎ，未来への架け橋

なんといっても経験工学そしてなんといっても土と木

大規模地すべり発生！

- 県道の崩落　県民生活に経済に大打撃
- 現場の踏査，2ヵ月間の調査・復旧工法検討，2週間で設計，早期復旧へ着工
- 自ら現場を歩く。現象をじっくり観察。自然の破壊力の怖さ。それに立ち向かう技術。やはり経験工学であることを実感。そして即断・即決のスピード

最後に

ここで質問。前記の地すべりの現場，直感的にどのような対策をとったらよいとお考えになりますか？　ちなみに我が家の小３と５才の子供に同じ質問をしたところ，「水を抜けばいいよ（小３）」（おお！　抑制工！）「木みたいな棒をいっぱい刺したらいいんじゃない（５才）」（おお！　抑止杭！）という返事が返ってきました。なぜ？　と聞いたら砂場で遊んでいて砂山を崩さないようにするための彼らの経験なのでした。

土木の仕事に興味を持ち，この仕事をしてみたいとお考えの皆さん，どうか町を，山や川を歩いて直接肌で感じてください。自分だったらどんな町にしたいか。自分の生活している地域がどういうところなのか。世の中さまざまな仕事がありますが，自分の生活空間が仕事のフィールドになるというのは，土木ならではです。「地図に残る仕事」一緒にしてみませんか？

2 大型海藻アカモクは松島湾を救えるか？

◉ 佐々木久雄

はじめに

日本三景のひとつである松島を訪れる観光客は，年間500万人ともいわれています。島の緑と古刹瑞巌寺は昔からの観光名所で，芭蕉も奥の細道の旅の目的のひとつにここを選んでいます。しかし近年の松島湾は経済活動の活発化や生活様式の変化によって，水質汚濁が激しくなり，観光客からの不満が高まったばかりでなく，盛んだったカキやノリの養殖もできなくなりました。そのような水質汚濁を解決するために工場排水の規制や下水道施設の整備が行われて，現在では危機的な状態を脱していますが，その汚濁レベルはいつ大規模な赤潮が発生してもおかしくない状態にとどまっています。

このような状態を専門的には富栄養化の進行といいますが，人間にたとえれば糖尿病とか高血圧症といった成人病のようなものです。この海の成人病には海自身が本来有している健全な生態系のバランスを取り戻すことが必要です。私たちは，この生態系のバランスの起点になっている大型海藻アカモクに着目し，海藻の森を松島湾で復活し，本当の意味での豊かな海の創造を目指しています。

アカモクに群がるメバル

アカモクに集まったヨコエビの一種

アカモクに生み付けられたアイナメの卵

アカモクはジャマモクか？

アカモクは褐藻類のコンブやヒジキと同じ仲間で，松島湾周辺にはたくさん群生していました。古代から神聖な塩をつくるのに利用されたり，玉藻という名前で万葉集にも歌われたりしています。そのような伝統は現在でも塩竈神社の藻塩焼き神事などとして伝わっています。しかし最近，アカモクは養殖施設や船のスクリューにからみつくなどの理由で，漁師さんの間でたいへん迷惑がられて，ジャマモクと呼ばれていました。アカモクは本当にジャマモクなのでしょうか。土地の古老に聞いた「昔，海がきれいで魚やエビがたくさん捕れたときは，アカモクが本当にたくさん生えていたものだ。水が汚くなって漁がなくなったと気

が付いたときには海藻が消えていた」という言葉にとりつかれました。

漁師さんの言葉の中にはものすごい理論が隠されていたと気が付いたのです。すなわちアカモクは生き物たちが必要としている生活の場となっていたばかりではなく，赤潮の発生など水質汚濁の予防機能も有しているのではないかということです。そのようなときに工学研究科環境生態工学研究室の須藤教授の薦めで大学院に入学しました。47歳になっていましたが，どうしても理論の実践とその説明のための定量化が必要と感じたからでした。科学的な裏付けを確立し，県の事業として提案することを目的としたかったからです。

アカモクの水質浄化機能

アカモクは植物であるので，その生長には栄養分として赤潮の原因となる窒素やリンなどの栄養塩を吸収するはずです。大学院では最初にその吸収能を測定してみました。春から初夏にかけて5mにもなる海藻で，たぶんその吸収量は大きいものであろうと感じていましたが，測定結果はその予想を遙かに上回るものでした。ワカメやコンブなど他の海藻より群を抜く大きさで，赤潮の原因となる栄養塩を制御してくれることがわかりました。また，環境生態工学研究室で，継続してアカモクの研究をしている若手研究者によれば，アカモクの生育時に発散させる外分泌物質が，赤潮プランクトンが必要とする栄養分を先取りするという間接的な働きとともに，赤潮プランクトンの増殖機能を抑制するという直接的な働きで二重に赤潮

養殖に成功したアカモク

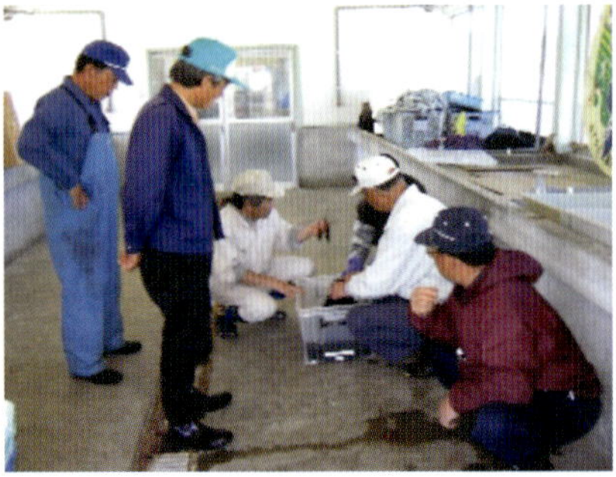

漁師さんに母藻の選定を指導

を予防するという機能が確認されています。さらにその外分泌物質は，腸炎ビブリオ菌などの食中毒菌が海水中で増殖することを抑制することもわかりました。これらの環境修復に役に立つデータを元に，松島湾にアカモクの森を復元する活動を県の事業として提案したものの，環境のために良いというだけでは行政も地元も動きませんでした。直接的にお金にならなければなかなか動けないのです。幸いなことにアカモクは日本海側の一部に食べる習慣が残っていました。さらに，富山大学医学部の林俊光教授らのグループがアカモクの持つネバネバ成分(硫酸多糖類など)が，ヘルペスウィルスやエイズウィルスに効果があるといった論文を発表しました。続いて林先生はガン予防や骨粗鬆症に効果のある物質がアカモクに含まれているとし，三重大学の田口弘教授も同様の見解を発表しました。こうなると，地元としてもひょっとしてジャマにしていたアカモクが，新たな地場産業の創設になるのでは，と動き始めました。つまり環境修復のための生態工学の理論と，機能性食品としての産業の可能性が初めて合流したことになります。

おわりに

現在私たちは，大型土木工事に頼らず，地元漁師さんとアカモクを増やす努力を継続中です。わずかに残った天然のアカモクを採り尽くしてしまえば，生態系保全上も水質汚濁防止上も有用な藻場が消滅してしまうからです。漁師さんとつくった人工のアカモクの森にはたくさんの小動物が集まってきているのが確認されています。透明度も少しずつ良くなってきています。その中で養殖カキをつるして，冬場の食中毒の原因となるノロウィルスの動態も研究中です。海に生きているものにじゃまなものはないはずです。生態系の仕組みを構成していることは健全なバランスを保っているということです。『海藻の森を復元し，海も人も豊かに健全になりたい』それが生態工学の持つ最終目的のひとつであると信じて，明日からも漁師さんと地道な作業に身を投じたいと思っています。

3 「未来」を創っています

◉ 藤井亜紀

はじめに

『未来を創る』。少し大げさに聞こえるかもしれませんが，私たちがつくる土木構造物は確実に10年，20年あるいは100年以上も存在し続け，未来の社会基盤を形成します。また，それらが長期間に渡って自然環境や社会構造，経済に与える影響は計り知れません。したがって，永久構造物を自らの手でつくる私たちの活動には，とても大きな責任があります。

私たちがつくる構造物のユーザーは，未来に生きる次世代や更に先の世代の人たちです。私は，彼らに良い社会を残したいという想いで仕事をしています。

人――多くの人の知恵と信頼関係でつくる社会資本

どんなに大きなダムや橋でも立派な建設機械さえあれば簡単につくることができるのではなく，ほとんどすべての構造物は多くの人の知恵と力を結集してつくられます。現場では，同じ会社の社員はもちろんのこと，お客様である発注者や事業者，また，実際に作業を行う協力会社の方などさまざまな業種の人が工事に携わっていて，皆で知恵を出し合い，協力しながら工事を進めます。そして，そこにはお互いの「信頼関係」が不可欠です。工事現場における信頼関係は，「良いものをつくろう」という同じ目的を共有していること，そして，それに対して「真剣に」取り組んでいる，ということから築き上げられるものだと私は考えます。この信頼関係が，現場の良い雰囲気をつくり，工事を進める機動力になり，高い技術力となります。

情報技術の進展により，いつでも，どこにいてもさまざまな情報が手に入る社会になりましたが，私たちの仕事は，直接顔を合わせてコミュニケーションを取り合うことが基本です。現場で起こっている状況を肌で感じ，そこで働く作業員と直に話をしながら一緒に構造物を造り上げていく。泥臭いイメージを持たれるかもしれませんが，この人間くさい感じはとても温かみがあり，この仕事の良いところだと感じています。

首都圏外郭放水路第１工区トンネル新設工事 ϕ 12.04 m 泥水式シールド機。国内でも数少ない大断面のシールドトンネルで，この写真のように現場では毎日 100 人以上の人が働いていました。

責任――多忙な日々と充実感

現場は，“飽きる”という言葉がないほど毎日目まぐるしく状況が変化し，さまざまなハプニングが発生します。時々刻々と変化しているため，私たちは状況に合った的確な判断を just-in-time で指示しなければなりません。若年層でも自分で判

トンネルの完成写真です。埼玉県春日部市に位置する放水路は，中小河川の洪水を地下に取り込み，地下50 m の延長 6.3 km のトンネルを通して毎秒 200 t の洪水を江戸川に流します。放水路の供用後，周辺地域の浸水被害は激減し，地域住民の皆様にたいへん喜ばれています。

断したことは，その場で形になって現れます。現場をスムーズに進めるには，先の作業工程や施工計画を頭に入れた上で，現場の状況を勘案して自ら計画，修正することが求められます。さらに，構造や工法の変更が必要な場合は，発注者に了承を得る必要があります。

仕事量が多く忙しいうえに責任が大きく大変な仕事ですが，その反面，工事が完成した時はこの上ない達成感を味わえることも事実です。また，自分が携わった構造物が供用され，利用者や地域住民の方々が喜んでいる様子を目の当たりにすると，とても嬉しく，自分の仕事が社会に役立っているという有意義さを実感します。

多忙な日々と充実感。毎日忙しく嫌になることもありますが，辛いぶんだけ達成感も大きく，充実感も得られる仕事だと思います。

未来を担う皆さんへ

どんな仕事も，中途半端な気持ちでは続けられないですが，泥くさい環境の中で最先端の技術を駆使し，未来に残る社会基盤を創る私たちの仕事は，魅力的なところも多いと感じています。何年後か，これを読んでいただいて土木に興味をもっていただいた方と，一緒に仕事をすることがあればとても嬉しく思います。

皆さんはどのような未来を想像していますか。どのような未来にしたいですか。学生生活の中でゆっくり考えてみてください。自分なりの答えが見つかると思います。

4 発展途上国での技術支援

◉小玉　勉

建設コンサルタントの役割

建設コンサルタントの仕事は，1)国内において公的機関(国土交通省，県市町村)が行う社会資本の整備事業と企業が行う建設事業に対する調査・計画・設計による事業支援と 2)発展途上国の社会基盤整備に係る調査・計画・設計・施工管理です。

国内でのコンサルタントの仕事は，弁護士や医師と同様に専門性の高い仕事であり，国民生活を支える社会資本の整備を通し，安全で豊かな国造りをする生き甲斐のある職業です。また良質な社会資本の形成とその事業の必要性・透明性を確保することが国民から求められており，コンサルタントの役割は，事業者の業務支援に加え，社会的合意形成や事業執行マネジメントを担当する役割が増加しています。領域の拡大により女性技術者の能力の活用が必要とされています。コンサルタントの仕事は，国民に納得される社会資本の整備を行う責任あるやりがいのある職業であり，国家資格である技術士を取得し高度な技術力を継続学習により維持・向上し，コミュニケーション能力を向上することが必要です。

コンサルタントの発展途上国での仕事

コンサルタントの発展途上国での仕事は，社会資本整備の進んだ先進国と違い，農村と都市地域の社会基盤の整備事業の実施(道路・橋梁，灌漑，水資源，上下水道，港湾・空港，発電等)と防災・災害復興支援(地震・津波)に参加し，発展途上国の経済発展に寄与することです。

また貧困削減と社会格差の縮小を目指し，貧困緩和と環境保全を目的とした社会開発アプローチによる幅広いコンサルタント活動を行っています。

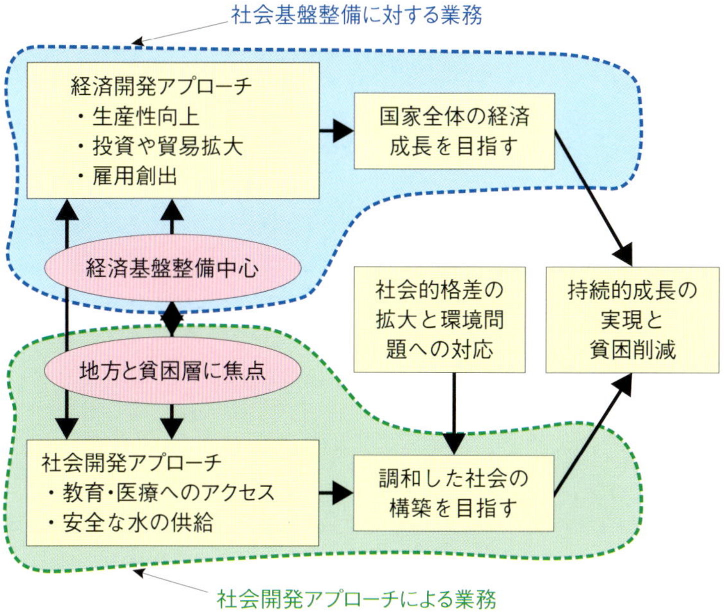

発展途上国でのコンサルタントの仕事

発展途上国での技術支援

国民の税金を使用し行う政府開発援助（ODA）は，日本の平和外交の一環として発展途上国での社会基盤の整備にあてられています（2004年9 627億円）。ODAによるプロジェクトの流れは，国際協力機構（JICA）による無償資金協力および開発調査等の技術協力と国際協力銀行（JBIC）による社会基盤整備に対する円借款事業に分けられ，コンサルタントは無償資金協力および技術協力と円借款事業に積極的に関与しています。コンサルタントは，JICA開発調査（総合開発調査と事業実施可能性調査）を途上国の技術者と伴に調査し，解析・検討をする中で技術移転を行い途上国技術者の育成に寄与しています。JBIC円借款による社会基盤整備事業では，途上国の事業関係者と現地コンサルタントと伴に設計・工事管理を行い技術移転と技術者の育成を図り，社会基盤の建設を一緒に行って

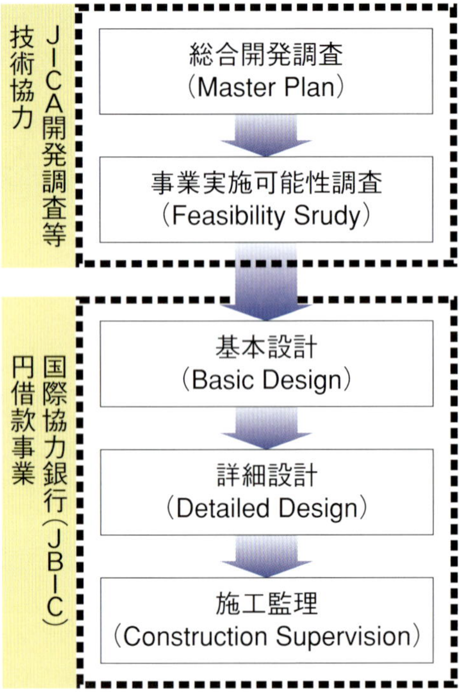

発展途上国でのプロジェクトの流れ

います。円借款は，社会基盤整備事業を通して東南アジア諸国の自助努力を促し，経済発展と技術者の人材育成に大きく貢献しました。

途上国での社会基盤整備事業を行う上で，自然環境と社会環境への影響に配慮することが大切です。ダムや道路等の事業実施による自然環境への影響と住民移転等の社会環境への影響を軽減するため，コンサルタントは環境社会配慮調査を行い，環境負荷低減対策を提案しています。また地域住民と利害関係者の参加によるワークショップを行い，事業内容の説明と事業実施による自然と社会環境影響につき説明し，地域住民と利害関係者の理解を得ています。

一方地方と貧困層への安全な水の供給に係る事業，教育･医療に係る事業を通し貧困削減と社会格差縮小へ貢献しています。

このように発展途上国でのコンサルタントの仕事は，社会基盤整備と環境保全から貧困緩和まで多岐に渡り，途上国の健全な発展と人材育成に寄与しており，若い技術者の活力と柔軟な考えにより途上国の国造りに貢献することが期待されています。また，国内の社会資本整備事業を通し獲得してきた世界トップレベルの技術と経験を活かせる場があり，若い技術者の参加を期待します。

ラオス国（電化率が 30 ％と低く2020 年に電化率を 90 ％達成目標）での小水力発電所建設による地方電化促進に対する住民参加によるワークショップ

5 『鉄道ネットワーク』・『駅』・『街』をつくる

◉ 高田一尚

鉄道というフィールド

今や首都圏では民鉄やバスなどの交通網が発達し，また，都市間においても航空機や長距離バスが実力を高めており，多くの地域において他交通機関との競争が激化しています。このことは，我々が提供する「ネットワークサービス」や「拠点駅におけるさまざまなサービス」の品質を常に高め，「お客様に選ばれるサービス」を意識し，総力をあげてお客様へ満足や感動を提供していかなければならないことを意味しています。

幅広い活躍分野と「夢」の実現のために

鉄道の事業分野は多岐にわたっており，既存設備を保守管理するメンテナンス技術分野や，駅改良や新たな土木構造物を計画・施工監理するといった鉄道に関する土木技術分野はもとより，駅をどうすればお客様の集う場所となりうるのかといった分野や，駅周辺のまちづくりや都市計画をどうするのかといった課題を地元や自治体の方々と協議する分野など土木技術者に用意されているフィールドは非常に幅広いものがあります。このように，鉄道は多様な能力を持つ技術者を必要としており，自分の夢を実現するための無限のフィールドがそこにはあるといえます。

鉄道を軸とした「サービス産業」の中のこれからのCivil Engineer

このような鉄道を軸とした「サービス産業」におけるこれからの土木技術者に期待されることは，専門分野のみならず，若い感性や発想と会社全体およびそれを取巻く社会全体を見渡せる広い視野が必要となります。この感性と視野により「ネットワークサービス」や「拠点駅サービス」の新たな展開や可能性を追求することがとても大切になります。新たな展開や可能性の追求に必要なこと，それは「お客様の心をいかに捉えるか」といったテーマに至ると考えています。すべての分野において，「お客様の心を捉え」そして，「信頼」，「快適」，「感動」を自ら感性と発想で創り出せる技術者が必要であると思います。これは，取りも直さず若い皆さんの活躍の場が目の前にあるということでもあるのです。

おわりに――自己の成長，会社の発展そして社会への貢献

私が入社したJR東日本は旧国鉄から民間会社としてスタートし20年目，そして私は入社後18年が経とうとしています。その間，鉄道ネットワークや拠点駅改良のハードやプランニングの仕事に携わる中で，さまざまな人と出会い，多くの仲間たちと時には困難にぶち当たり，時には満足感を味わい，大きなプロジェクトの一端を担い前進させてきました。鉄道というフィールドは人の命を預かるという厳しい分野である一方で，非常に幅広く奥深さのある，そして社会的影響の大きいやりがいのある分野です。多様な事業分野の中で好奇心旺盛に発想し，行動できる場所が用意されているところです。必要なことは大きな好奇心を持って，自らの「夢」を描き，そして厳しい競争の中で「人」と「社会」のつながりを大切にし，自ら考え自ら行動し，それを形にすることです。我こそはというみなさん，是非一緒に「夢」を実現しましょう。

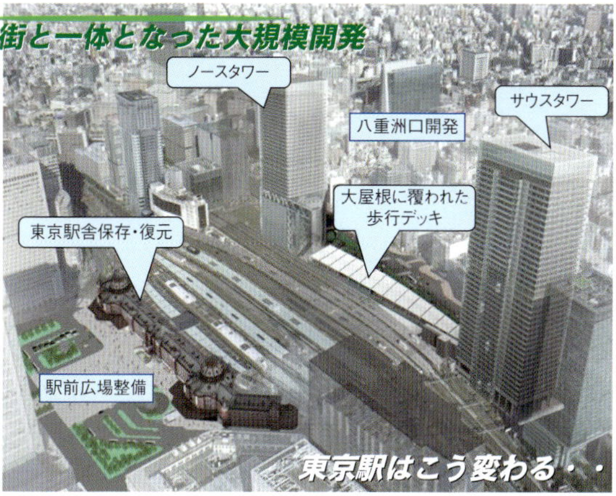

JR東日本では，他社との共同事業として東京駅八重洲口の再開発を進めています。このビックプロジェクトにより，八重洲駅前広場を挟んだ南北に超高層ツインタワーを建設するとともに，丸の内側では「赤レンガ駅舎」東京駅復元化計画を進行中です。

6 インテリジェントセンサによる土木構造物のヘルスモニタリングシステムの開発

◉ 西岡英俊

はじめに

土木構造物は使用期間が長くなるにつれてコンクリートの剥落や鋼材の腐食･疲労などのさまざまな変状が発生したり，地震や風災害による被害を受けることがあります。このため検査を行って安全性を確保する必要があるのですが，その検査の具体的方法は鉄道を例とすると，このような問題の発生の有無を確かめる「定期的な検査」と，この検査で問題があると判断された構造物を対象とする「詳細な検査」の２本立てで行われています。これらの検査は人海戦術で巡回するのが中心となっており，検査する土木技術者の経験とセンスに依存しているのが実情です。

ところで，情報･通信分野での発展は目覚しいものがありますが，そのなかで，RF-ID タグと呼ばれるものがあります。RF-ID は Radio frequency identification の略で，電源設備を設けることなく無線により情報を引き出すことができるタグです。近年工業製品や酪農産物に生産地情報などを付与するなど，幅広く利用されつつあります。遅ればせながら，土木分野でもこの RF-ID タグを適用する取り組みが徐々に始まっていますが，ここでは RF-ID タグを用いた鉄道構造物のヘルスモニタリングシステム（自らの健全性，安全性を監視するシステム）の研究開発へ向けた取り組みを紹介します。

インテリジェントセンサの開発

当然ながら，ただ RF-ID タグを土木構造物に埋めるだけでは，ヘルスモニタリングシステムとはなりません。構造物の健全度を表す指標を適切に計測するセンサと組み合わせる必要がありますが，従来のセンサでは大掛

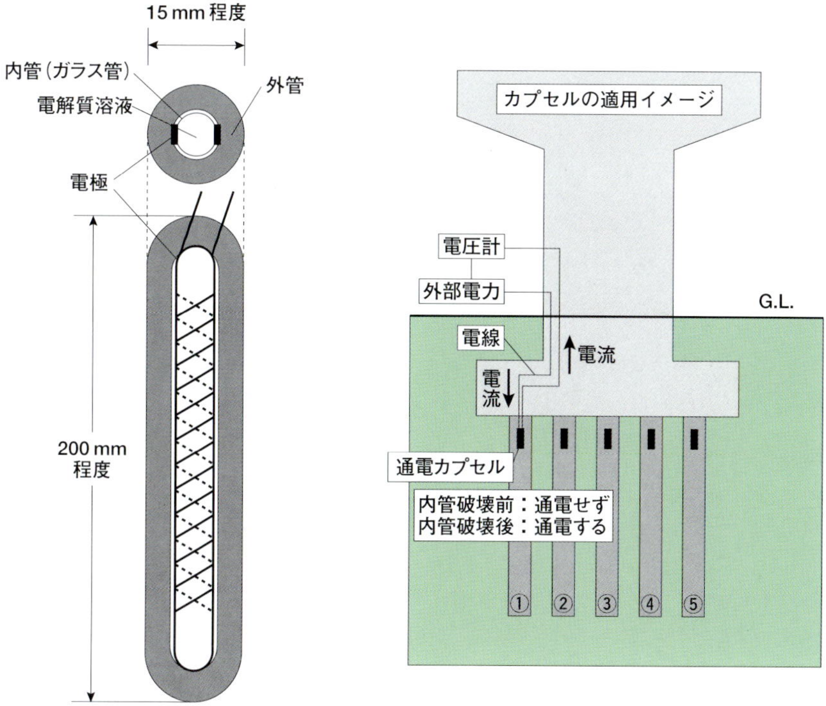

インテリジェントセンサの例　杭の中に埋めておき，杭が折れると通電して検知します。

かりな計測機器や計測用電源などが必要であり，せっかくのRF-IDタグの特徴(電源不要，無線通信)が活かされません。そこで，土木構造物のモニタリングに特化し，RF-IDタグと相性のよい新しいセンサ(これを我々は「インテリジェントセンサ」と呼んでいます)を開発することから取り組むこととしました。

一つの事例として，地中に埋められた構造物(例えば基礎杭)の損傷を容易に検知するセンサについて紹介します。上に示した図はセンサの構造で，ABS樹脂とガラス管の2重管構造となっていて，内管には電解質溶液が入っています。内管と外管の隙間には電極が入っています。このセンサーは通常の状態であれば通電性を示さないのですが，センサに大きな力が作用すると内管が破損して電解質溶液で電極が短絡

して通電性を示します。このセンサをあらかじめ杭のコンクリートの中に埋めておき，RF-ID タグとつないでおけば，RF-ID タグのデータを無線で読み取った際に，杭が折れているかどうかがわかるというわけです。このセンサのほかにも，いろいろなインテリジェントセンサの開発を進めています。

ヘルスモニタリングシステムの構築に向けて

下に示す図は，システム完成の一つのイメージです。鉄道構造物に内蔵したセンサをそれぞれ軌道面に設置したRF-ID タグに集約しておき，例えば計測用列車が通過するごとに無線通信により各構造物の健全度情報を読み取って監視を行い，異常があった場合には速やかに列車を停止させることが出来ます。このシステムが完成すれば，これまで人海戦術的に行われてきた鉄道構造物の検査体系が大きく省力化されるとともに，人の経験，問題意識，感覚に大きく左右されてきた検査・診断精度の向上と確実性が得られるものと考えられます。

しかし，システムの完成に向けては，まだいくつもの課題が残されています。その例を挙げると

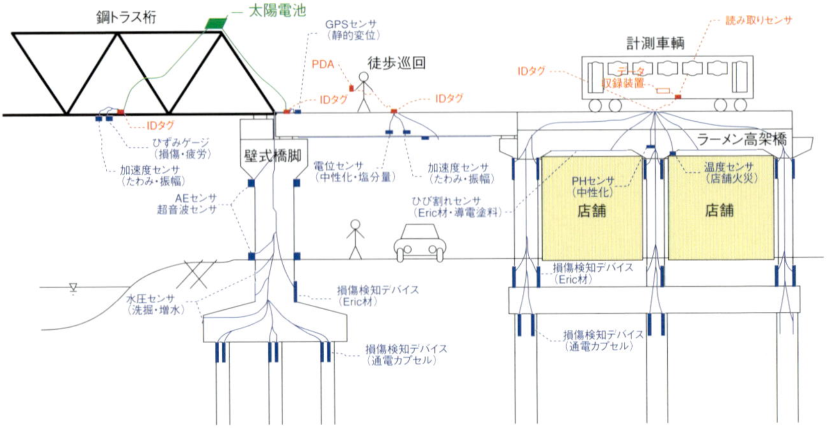

インテリジェントセンサによるヘルスモニタリングのイメージ　構造物に内蔵したセンサから軌道面の RF-ID タグに集約し，計測用列車が通過するごとに無線通信により健全度情報を読み取って監視を行います。何か異常があった場合には速やかに列車を停止させ，安全を確保します。

① 誤作動を生じない信頼性の高いセンサとすること

② 屋外あるいは水中設置となるため，高いレベルの防水，防食，耐候性を得ること

③ 長期間にわたる耐久性，とくに電源供給の問題を解決すること

④ 計測値から健全度を評価し，異常発生基準を設定すること

といったものです。とくに④については土木技術特有の課題で，理論的な根拠だけではなく，これまでの検査で培われたベテラン土木技術者の経験やノウハウをいかに取り込めるかが重要になっています。現時点ではまだ研究開発段階ですが，これらの課題を克服しながら，システムの実用化に向けて努力していきたいと考えています。

おわりに

このような電子･情報分野の技術を導入する場合には，異分野の技術者，研究者と連携が重要となります。例えば，計器の設計，試作などは，我々土木技術者には手が出せない内容ですが，「どのような位置にどのようなセンサーをつけるのか？」，「得られた数値は何を意味しているのか？」，「危険と判断する基準はどの程度なのか？」といった問題は，我々土木技術者が活躍するフィールドです。それがこのシステムの根幹となるものですから，研究開発のリーダーシップを取ることも土木技術者には要求されます。

私自身もこのようなシステム構築の研究開発に携わる中で，専門の土木技術に磨きをかけるだけではなく，広い視野を持って異分野にも踏み込んでいくことも，土木技術者ならではの面白みではないかと感じています。目的意識をしっかりもち，(いい意味で)手段を選ばずに，解決にむけて突き進む……そういった「がむしゃらさ」を若い人たちにも共感してもらえれば幸いです。

7 途上国は日本の土木技術者の英知を求めています

◉ 松岡和久

はじめに

「水は命，道はお金」。これは小学校のころ故郷（宮城県登米市）の農家のお爺さんから聞いた言葉ですが，ODA（政府開発援助）の世界に身を投じて36年になる現在，私はこの言葉の意味を身に沁みて感じています。何故ならば，世界人口の8割を有する開発途上国では経済社会基盤（インフラ）整備のニーズが高く，人々の生活を支えるインフラ整備にかかわる土木技術者の活躍の場が数多く広がっており，その使命の重要性を再認識しているからです。

開発途上国とインフラ整備

日本の協力で建設されたハンドポンプ式井戸（ガーナ国）

世界の人口は現在65億人といわれていますが，日本の人口の5倍にあたる6億人もの人々が，人間が生活する上で最低限必要とされている1日30 Lの水さえ確保できずに悩んでいます。また，不衛生な状態にある人々は30億人も存在し，水は確保できても安全な水を利用できない人々は12億人もいる有様です。そのため，水が原因で死亡する人々は年間1 000万人にも及ぶといわれ，その7割は子供です。さらには，毎年8億人もの人々が食糧不足に悩んでおり，

アフリカの地方道路を頭に荷物を載せて歩く女性（ザンビア国西部州モング）

食糧の安定的生産の為に水の確保は重要です。こうした人々の命を救い，食糧を確保するため，水資源の開発や上下水･廃棄物等の施設整備が世界の喫緊の課題となっています。

また，「2015年までに1日1ドル以下で生活している人の割合を1990年の水準の半分に減少させる」ことが国際社会の大きな目標になっています。現在世界人口の約20％にあたる12億人もの人々がこの絶対的貧困状況にあり，その解消のためには持続的経済成長が不可欠です。このため，道路・鉄道・港湾・上下水道・電力・通信等のインフラの整備が急務とされています。

我が国が主として協力してきた東アジアでは，インフラを含む投資環境の整備を通じ民間投資･貿易等の経済活動を活性化し経済成長を促進した結果，絶対的貧困人口は4億人減少し，目標を達成しました。一方，1970年代は東アジアより豊かであったサハラ以南のアフリカでは紛争の勃発や不健全な経済政策運営等により，未だに人口の1/2にあたる3億人が絶対的貧困状況にあります。このように，アフリカでは膨大なインフラ整備ニーズがあり，国際社会では最重点地域として開発を急いでいますが，整備にあたってはその効果が貧しい人々に直接届く配慮

が必要となります。

現在途上国のインフラ整備水準（1人当たりのインフラストック）は先進国の1/10～1/13という低いレベルにあり，このギャップの解消には年間22～28兆円の新規投資（同額の維持管理費も必要）が必要と試算されています。しかしながら，現在のODAで賄えるのはこの10％程度の2～3兆円であり，ODAの増額や民間資金の活用等を含む財源の確保が大きな課題となっています。

リージョナリゼーションと越境交通インフラ整備

経済がグローバル化する中，開発途上地域でもリージョナリゼーション（地域経済統合）の動きが進展しています。アジアではASEAN（東南アジア諸国連合），アフリカではSADC（南部アフリカ開発共同体）やECOWAS（西アフリカ諸国経済共同体），中南米ではSICA（中米統合機構）やMERCOSUR（南米共同市場）などがあります。これらのリージョナリゼーションは，国境等の物理的障壁を除去し，自由な経済活動を通して新たな地域性を創出しようとする取組であり，貧困削減と地域の安定がその延長線上にあります。それを促進するのが越境交通インフラ整備です。

具体的には，アジアではアジアハイウェイ計画，アジアレイルウェイ計画，右に関連する港湾整備計画が，アフリカでは，トランスアフリカハイウェイ計画と関連港湾整備計画，中南米では中米ハイウェイ計画と関連港湾整備計画，アンデス横断トンネル計画等が進展中です。国境には大河川や急峻な山脈があるため，越境交通インフラには大規模土木工事案件が多く，土木技術者にとって夢のある計画が多数あります。

グローバルな土木技術者へ

以上のように，途上国には土木技術者が活躍できる場が数多くあります。開発に伴う技術開発・研究や途上国技術者の人材育成も活躍の場です。21世紀は，国内で培った素晴らしい日本の土木技術を海外の新規事業で発揮する時代であり，民学官が一体となって「途上国の人々の希望を叶えるインフ

スエズ運河架橋（エジプト国スエズ運河）

ラ整備」に積極的に参加して頂きたいと願っています。

途上国で業務を行うには当然のことながら，現地の人々や援助関係者とともに仕事を行うこととなります。したがって，海外で活躍するグローバルな土木技術者になるには，① 幅広い技術力に加え，② マネージメント能力，③ コミュニケーション能力，④ 国際契約関連知識等が求められ，これらを統合した強いリーダーシップ能力も必要になります。まさに，近代土木の最高権威である古市公威翁の言葉「土木技術者は将に将たる人でなければならない」のとおりです。

むすびに

土木工学を学ぼうとしている諸君!! 開発途上国の人々は，嘗て途上国であった日本が先進国になった経験を学びたいと願っています。インフラ整備は経済発展の機関車です。グローバルな土木技術者を目指して勉学に励んで下さい。ODAへの参加を希望なさる方は下記URLへコンタクト戴ければ幸甚です。　URL：http：//www.jica.go.jp

8 長江流域の環境管理手法構築に向けた取組み

◉林　誠二

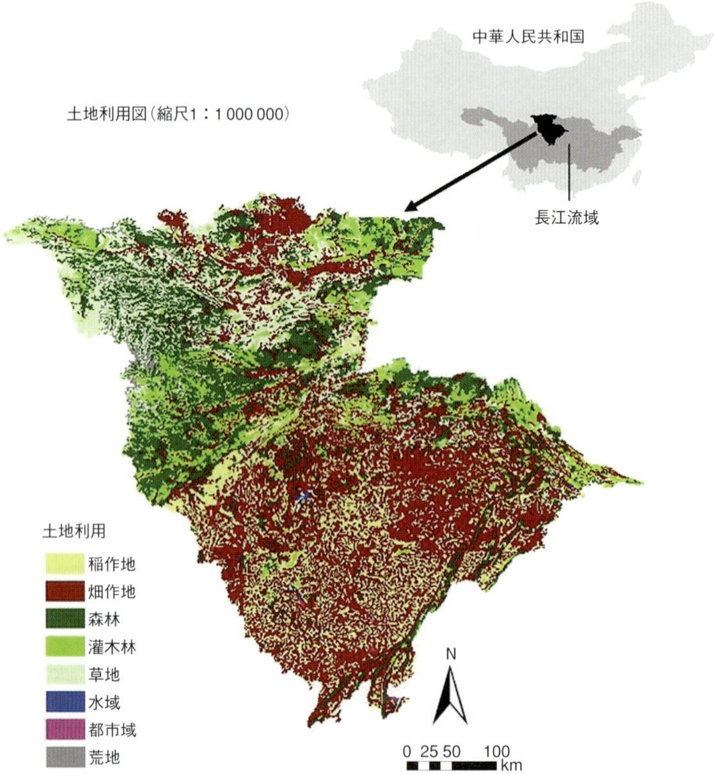

中国における長江流域と嘉陵江流域の位置
・嘉陵江では流域面積の約 50 %を耕作地が占める
・年間土砂総流出量は上流域全体からの約 20 %に及び，長江流域における主な土砂生産の場として認識されている

長江は中国最大の河川であり，約 180 万 km^2 もの面積を有する世界有数の大流域です（上図）。近年の中国における急激な経済成長は，長江の水質悪化を初めとするさまざまな環境問題を引き起こしています。とくに，中

下流域では大規模な洪水が頻発し，経済活動に著しいダメージを与えているだけでなく，数多くの人命を奪っています。また，洪水時に長江河口域から放出される大量の土砂や窒素，リン等の汚濁物質による，東シナ海の水産資源や日本の沿岸域環境への影響が懸念されています。

このような背景から，国立環境研究所では中国の行政機関や研究機関との国際共同研究プロジェクトにより，長江流域の持続可能な発展を支える環境管理手法の構築を進めてきました。この際，手法構築に重要な役割を担うのが，流域内の水や物質の動態を詳細に再現する数値シミュレーションモデルです。私自身，研究所に勤務して以来，モデルの開発に取組み，さらにその適用により流域における大規模開発の影響や環境管理施策の効果予測に関する研究に携わってきました。その一例として，中国政府が洪水対策の一つとして推進する，上流域の急傾斜地にある耕作地を本来の森林域や草地に還元する，“退耕還林”政策の効果を検討したところ，長江上流域の主要な支流域の一つである嘉陵江（かりょうこう）流域（流域面積 16 万 km^2）（168 頁図）を対象とし，1987 年の気象データを入力して計算した結果は，急傾斜地を森林に戻した場合，現在の状況と比べて，土砂流出量の抑制に効果的に働くことがわかりました（下図）。このような成果を中国のみならず国際的に発信していくとともに，今後は，長江に建設中の三峡ダムや南水北調プロジェクト（長江流域の水を，黄河上流域や北京などの北部の大都市が利用する大規模導水事業）による水環境への影響についても検討を行っていきます。

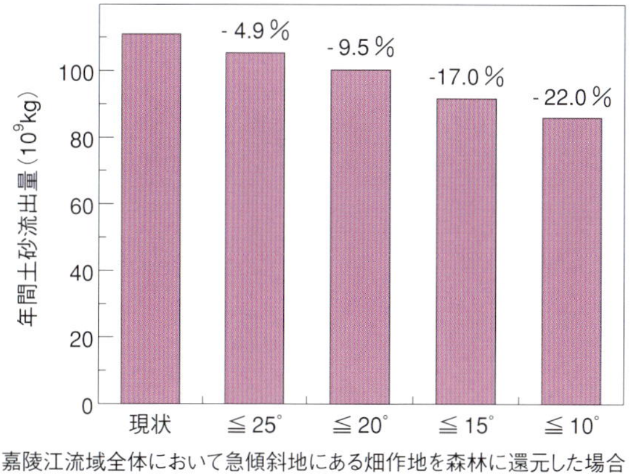

嘉陵江流域全体において急傾斜地にある畑作地を森林に還元した場合の年間土砂生産量計算結果

・還元対象となる斜面勾配の閾値を 25°, 20°, 15°, 10°の 4 段階を設定し，現在の状態での計算結果と比較

9 新常識をつくる——変動性と不確実性の管理

◉桂　利治

土木技術に限りませんが，ビジネスの世界全般において変動性と不確実性は非常に重要です。ここでは，土木技術における変動性と不確実性の取扱いについて少し考察してみることにします。

変動性とは，“バラツキ”のことです。統計学で正規分布という言葉を聞いたことがあるでしょう。よくみるこのグラフです（下図）。これが変動性を示すもっともよく知られた図だと思います。

例えば，再現性のある現象に関して正確な試験を行った場合，その結果はある平均値を中心にして，下図のように分布します。その結果を数字として使いたい場合，3回試験してその平均を取るというようなことで，バラツキの影響を小さくして利用します。

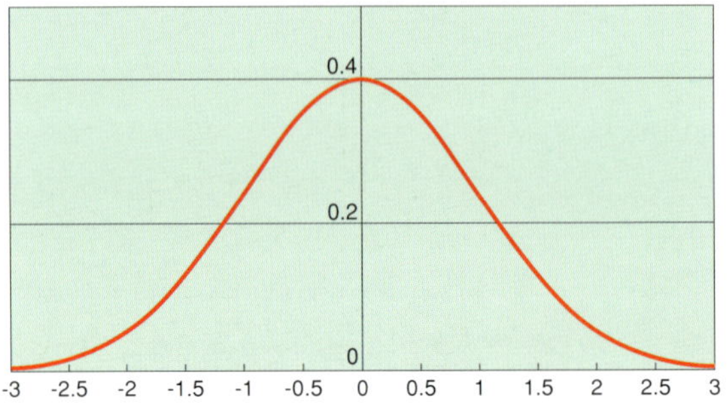

標準正規分布のグラフ　平均値を中心にしてばらつき，±3 σ の間にほとんどのデータが収まります。

さて，土木の世界はどうかというと，このグラフで示せないバラツキ方をしていることが多いです。その現象はこんなグラフになります（171頁図）。このような形になる一番の原因が，不確実性の存在です。例えば，普通にやれば10日間で終わる仕事が「台風の影響で20日間もかかってしまった」とか，「事故が発生して60日以上もストップした」などという状況が当たり前のように起こるのです。でも，台風がくるか事故が発生するかは，事前にはわからない不確実なことです。自然や人あるいは社会を相手にする土木の仕

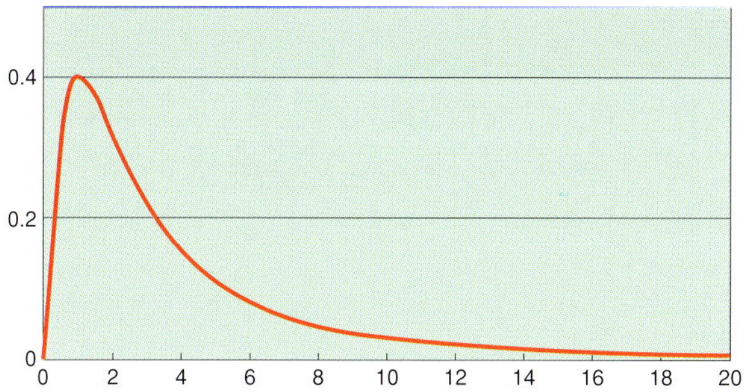

対数正規分布のグラフ　一番発生確率が高い期待値とは，10倍以上もかけ離れた結果が出る可能性もあります。

事は，不確実性の影響を強く受け，上図のような成功確率で動いているのです。

製造業のような170頁の図に従う世界では，仕事の成功のためにはバラツキを少なくすることが大事になりますが，建設業のような上図に従う世界では，バラツキを少なくすることよりも，ばらつくものを目的に沿ってうまく管理することが重要になります。

統計学というものは，単なるデータの解析手法ではなく，実務の世界に深く結びついている学問なのです。

現在，このような変動性や不確実性に対する考察を，土木施工マネジメントの分野へ応用を図るための指導を行っています。

地場の建設業者を支援しようという発想で起業し，いろいろ悩んだ末にたどり着いたのが，TOC（Theory of Constraints；制約条件の理論）という考え方でした。TOCは「システムの制約条件への選択と集中」という非常にシンプルな概念ですが，非常に深く広い応用分野をもつ理論で，変動性と不確実性の制御ツールを実装しています。

TOCは，現在土木ではなじみのない言葉ですので，皆さんは聞いたことがないと思いますが，こうした異分野の技術を土木技術と融合し，土木の世界にマネジメント技術の革新をもたらそうと取り組んでいます。

近い将来，土木の世界でも常識となることを目指しています。統計学は，このように将来の実務につながっていきますので，是非大事に学んでください。

10 留学の思い出と日中技術交流へのかかわり

◉張　旭紅

はじめに

土木工学科に留学した数多くの留学生は，学位取得後に母国に帰り，国家の発展に寄与しています。土木工学科創立50周年記念の節に，彼らに最大な敬意を表しながら，留学の思い出を語るとともに，自分の経歴と近況について報告します。

留学の思い出

私は1985年に中国政府派遣留学生として来日して，東北大学で約8年半の歳月を過ごしました。留学生活で一番印象に残ったのは研究室が家庭のような雰囲気で，先輩がよく後輩の面倒をみていたことです。

また，マスターゼミの時に，乱流に関する英文を読んで日本語で発表することはとても難しかったですが，先生が物理のイメージを黒板に描きながら教えていたのでたいへん勉強になりました。

建設コンサルタントとして

博士号を取得し，助手1年間を勤めた後，1994年に建設コンサルタント会社に就職しました。主にダム・港湾堆砂対策などを行っていました。2年前に環境関連会社に転職し，内湾の富栄養化など水環境問題の調査，予測および対策検討にも従事するようになりました。最近，海洋汚染がもたらす生態系の異常が発生しており，生態系モデルの開発が望まれています。

日本語が下手な分，かつて先生が指導したように，図表でイメージをわかりやすく伝えることに力を入れています。

日中技術交流へのかかわり

専門通訳，技術調査ツアー企画，合弁会社の創立・運営などさまざまな技術交流活動にかかわってきました。

中国はかつて日本が経験したような高度経済成長の真っ最中にあり，水質事故が頻発するなど環境問題が深刻です。そこで，昨年から中国へ環境技術の紹介をはじめました。今後は継続していきたいと思っています。

日中合弁事業関連会議の風景（後方左から北松社長，佐川常務）

あとがき

夕日に映える琵琶湖

本書は，土木工学について，主として研究という切り口から見た内容をとりまとめたものです。土木工学の全体を網羅するというよりは，先端的に行われている研究の例を中心に記されています。最後の章では，実際に土木工学の実務に携わっている方々の執筆によるものです。これらの例より，一人でも多くの若人が土木工学＝シビルエンジニアリングに関心を持って頂けたら幸いに存じます。これらの例に示されているように，土木工学は，数学，物理学，化学，生物学などの理科系学問とともに経済学，社会学，心理学，美学などの文科系学問も関与します。土木工学はこれらの応用を通して，基礎学問の進展へのフィードバックを行うミッションがあります。また，応用科学としていくつかの重要な部門をリードする役割もあります。一方，実際の土木工学の実践においては，公共事業に主体的にかかわる使命があります。

西暦2000年に仙台で開催された土木学会全国大会で，憲法学者樋口陽一東北大学名誉教授の「公共と市民」という題の特別講演がありました。先生は「シビルエンジニアリング」という言葉に非常な関心を持たれました。「シビル」は現在では「ポリティック」という公的な言葉に対峙する私的な響きがあるが，ラテン語の語源の「キビタス」は両者の概念が合わさったものであった。「シビルエンジニアリング」という言葉には，本来の意味である「シビル」の原点がそのまま残されているということに驚いたとのことです*。

近代都市国家の原型であるギリシャ・ローマは，国を構成する市民の合議により国の政策を決定するという仕組みを実践しました。また，人権をすべてに優先するという近代民主主義社会を戦いの末に築いたフランスにおいては，個人個人が確固とした意見を表明するという文化の歴史があります。このように，国家とは本来市民そのものであり，公共事業は市民の意思表明が結晶したものである筈です。したがって，本来のシビルエンジニアリングが実践されているのであれば，「無駄な公共事業」という言い方は無責任な発言であり，「アカウンタビリティー」という言葉に代表される「公」と「私」が対立するかのような概念は存在しない筈です。

我が国では，これから，地域の特色を活かした事業を重視するという方針が打ち出されています。適性な規模の公共事業は「市民」とともに推進できる可能性が大です。公共事業に携わる技術者は「シビルエンジニアリング」を実践するオピニオンリーダーも努めなければなりません。地球の自然環境を大切にしつつ，機能的にも美的にもより望ましい都市空間を子孫に伝えるためには，「シビル」に携わるさまざまな技術者・人材が必要です。しなやかで若い多様な感性が真の「シビルエンジニアリング」を実現させるのです。

なお，本書は東北大学工学部建築・社会環境工学科の中の土木工学系3コース（社会基盤デザイン，水環境学，都市システム計画）の担当教員を中心とするメンバーの執筆によるものです。

平成19年3月10日

東北大学土木工学出版委員会

* 土木学会誌2000年9月号pp.21～27ならびに2001年1月号pp.119～124参照

Civil Engineering
新たな国づくりに求められる若い感性

定価はカバーに表示してあります。

2007年3月25日　1版1刷発行Ⓒ　　　　　　　ISBN 978-4-7655-1714-0 C3051

　　　　　　　編　者　　東北大学土木工学出版委員会
　　　　　　　発行者　　長　　　滋　　　彦
　　　　　　　発行所　　技　報　堂　出　版　株　式　会　社

　　　　　　　〒101-0051　東京都千代田区神田神保町1-2-5
　　　　　　　　　　　　　　　　　　　　（和栗ハトヤビル）

日本書籍出版協会会員
自然科学書協会会員　　電　話　営　　業　（03）（5217）0885
工学書協会会員　　　　　　　　編　　集　（03）（5217）0881
土木・建築書協会会員　　　　　Ｆ　Ａ　Ｘ　（03）（5217）0886

Printed in Japan　　　振替口座　00140-4-10
　　　　　　　　　　　　　　　http://www.gihodoshuppan.co.jp/

イラスト　柳田早映　　装幀　ジンキッズ　　印刷・製本　技報堂

落丁・乱丁はお取り替えいたします。
本書の無断複写は、著作権法上での例外を除き、禁じられています。